白庚胜◎主编

赵玉春◎著

Temple Architecture

坛庙建筑

中国文联出版社

中國國粹藝術讀本

中石 题

图书在版编目（CIP）数据

坛庙建筑／赵玉春著．－北京：中国文联出版社，2009.7
（中国国粹艺术读本）
ISBN 978－7－5059－6476－1

Ⅰ．坛… Ⅱ．赵… Ⅲ．①祭祀－古建筑－建筑艺术－中国
②祠堂－建筑艺术－中国 Ⅳ．TU－881.2

中国版本图书馆 CIP 数据核字 (2009) 第 089614 号

| 书　　名 | 坛庙建筑——中国国粹艺术读本 |
|---|---|
| 作　　者 | 赵玉春 |
| 出　　版 | 中国文联出版社 |
| 发　　行 | 中国文联出版社 发行部 （010－65389150） |
| 地　　址 | 北京农展馆南里 10 号 (100125) |
| 经　　销 | 全国新华书店 |
| 责任编辑 | 周劲松 |
| 印　　刷 | 北京艺辉印刷有限公司 |
| 开　　本 | 690×1000　1/16 |
| 印　　张 | 12 |
| 插　　页 | 1 页 |
| 版　　次 | 2009 年 7 月第 1 版 2011 年 3 月第 2 次印刷 |
| 书　　号 | ISBN 978－7－5059－6476－1 |
| 定　　价 | 39.00 元 |

您若想详细了解我社的出版物
请登陆我们出版社的网站 http://www.cflacp.com

## 编委会名单

主　　　任：孙家正（全国政协副主席、中国文联主席）

　　　　　　胡振民（中国文联副主席、党组书记）

副 主 任：覃志刚（中国文联党组副书记）

　　　　　　李　牧（中国文联党组副书记）

　　　　　　冯　远（中国文联党组成员、书记处书记）

　　　　　　杨志今（中国文联党组成员、书记处书记）

　　　　　　廖　奔（中国文联党组成员、书记处书记）

　　　　　　白庚胜（中国文联党组成员、书记处书记）

委　　　员：董　伟（中国戏剧家协会副主席、分党组书记）

　　　　　　康健民（中国电影家协会副主席、分党组书记）

　　　　　　徐沛东（中国音乐家协会副主席、分党组书记）

　　　　　　吴长江（中国美术家协会副主席、分党组书记）

　　　　　　姜　昆（中国曲艺家协会副主席、分党组书记）

　　　　　　冯双白（中国舞蹈家协会副主席、分党组书记）

　　　　　　罗　杨（中国民间文艺家协会副主席、分党组书记）

　　　　　　李前光（中国摄影家协会副主席、分党组书记）

　　　　　　赵长青（中国书法家协会副主席、分党组书记）

　　　　　　林　建（中国杂技艺术家协会副主席、分党组书记）

　　　　　　黎　鸣（中国电视艺术家协会副主席、分党组书记）

　　　　　　赵克忠（中国文联出版业改革领导小组副组长）

　　　　　　宋建民（中国文联出版社负责人）

## 编纂工作委员会名单

主　　　编：白庚胜（中国文联党组成员、书记处书记）

执 行 主 编：宋建民（中国文联出版社负责人）

副 主 编：赵克忠（中国文联出版业改革领导小组副组长）

　　　　　　奚耀华（中国文联出版社副总编辑）

　　　　　　朱辉军（中国文联出版社副总编辑）

　　　　　　王利明（中国文联出版社副社长）

策划、项目执行人：张海君（中国文联出版社重点项目室主任）

项目责任编辑：张海君　冯善雅　邓友女　周劲松

　　　　　　胡笋　宁洪　唐嘉忆　侯亚静

# 为了共享而展示（代序）

## 白庚胜

21世纪，人类文明跨入一个全新的时空。

不管是否愿意，每一个国家，每一个民族，乃至每一个人都被这个时空一网打尽；

无论是否承认，每一种文化传统，每一种文化元素，甚至每一种文化基因都面临着决定性的选择。

因为，凭借科学技术原创而生发的文化创新正在超强提速，伴随全球一体化而弥散的文化消费令人眩目。

当此考验，开放的中国生机焕然，不仅实现了国民经济的高速度增长，科学技术的迅猛发展，而且重视和谐文化的建设，既立足于本土、传统、民族，又面向世界、现代、未来，弘扬中华文化，共享人类文明，致力于推动和谐世界的进程，引起全球性的关注。

在实现社会转型，以及工业化、城市化、后工业化等现代化过程中，我们没有惊慌失措，我们没有麻木不仁，我们更没有放弃责任，而是登高望远，审时度势，科学决策，精心部署实施，解决了观念、人才、技术、资金、市场等方面的困难，进行了各民族文化的保护、传承、转型、创新、开发等实践，发展了文化生产力，协调了文化生产关系，实现了文化转型，确保了国家文化安全，参与了当代世界多元文化的创造与共享。

其中，最值得大书特书的便是我国始自20世纪80年代响应联合国教科文组织的倡导、对中华文化遗产所进行的保护行动。由于党和国家的正确领导，文化艺术界的坚守与躬行，全民族的积极参与，至今，我们已经建立起文化遗产保护的领导体制，制定了文化遗产保护的全面规划，采取了包括国际保护、国家保护、民间保护、教育保护、法律保护、学术保护、产业保护在内的一系列举措，实施了中国民间文化遗产抢救工程、中国民族民间文化保护工程、国家口头与非物质文化遗产保护工程，开展了对文化遗产杰出传承人的命名，建立了国家遗产日制度，公布了一批国家文化遗产名录，申报成功了数十个世界遗产项目，加速了文化遗产立法的步伐。

由此所引发的文化盛事不可胜数，但见孔子学院大大方方走向世界，满足了各国人民揭示"中国奇迹"的语言需求；以"百家讲坛"为代表的文化讲古深受欢迎，对华人社会的历史传统"充电"及增强文化认同起到了"润物细无声"的作用；传统节日的恢复如雨后春笋，城乡人民的文化生活日趋丰富；整理国故正在拓展其广度与挖掘其深度，使儒学的第四次重振雄风渐成可能；各少数民族的文化受到前所未有的保护与利用，多元

一体的精神家园多姿多彩；与世界各国的文化交流不断加强，中华文明日益显现出"和谐万邦"的魅力。

这一切，昭示了这样一个光辉灿烂的文化前景：一次中华民族的伟大复兴已经悄然开始，一个以大繁荣、大发展为标志的文化建设新高潮正在兴起，一场中西文化的平等对话正式开启。

越过高山，跨过险滩，蓦然回首积淀五千年的文化传统，我们慨叹先人的惊人智慧、伟大创造、博大胸怀。

保护遗产，反思历史，我们终于发现它们并非是前进的障碍、发展的负担，反而是精神的支撑、知识的宝藏，更是政治建设、经济建设、社会建设、文化建设的不竭资源与永久动力。

展望未来，拥抱世界，我们确信中华文明是中华民族的根本标志，也是中国与世界互相理解的唯一桥梁。我们与它相伴始终。

基于这样的认识，我们历时两年创意出版了这套"中国国粹艺术读本"丛书。其目的是向国人、尤其是青少年传承我们民族艺术创造的结晶，也向世界展示中国文化的精粹。对于这项工作，中国文联极为重视，不仅给予资金支持，而且孙家正主席、胡振民副主席亲任编委会主任具体指导；国家新闻出版总署的关心具体表现在为其特批立项，并保障出版书号；中国文联出版社将之确定为精品工程，力求精心设计、精心组织、精心实施，宋建民、奚耀华、朱辉军、王利明等社领导及张海君主任等堪称鞠躬尽瘁，编辑和作者们不计名利和精益求精的态度更是令我感动。

庚胜不才，却参与和见证了世纪之交启动中华文明复兴及其遗产保护的全部过程，还非常荣幸地担任这套"中国国粹艺术读本"丛书的主编。这虽非我的能力与地位所及，却是我不可推辞的使命。

我所期待的是：通过这套丛书，中国的国粹艺术能为广大读者所认识、珍爱、传承，中国的文化遗产能得到社会各界的关注、保护、利用，中国的精神财富能为全人类所共有、共赏、共享。

如果因为这套丛书的问世而使国人更加自尊、自信、自爱、自立、自强，我将感到十分欣慰；

如果由于这套丛书的存在使世界了解中国更加客观、全面、理性、准确、人文，我将感到非常愉悦。

21世纪，人类文明跨入一个全新的时空。

这个时空不排斥古老，它秉持"推陈出新"。

这个时空不拒绝外来文明，亦主张"中为洋用"。

要么，御新时空如神骏；要么，被新时空所异化、吞没。

是为序。

2007年12月30日

（作者为中国文学艺术界联合会书记处书记）

Contents

# 第一章
# 坛庙建筑概述

TEMPLE ARCHITECTURE

中国古代社会有着内容异常复杂与丰富的祭祀文化，与祭祀活动相关的建筑被称为坛庙建筑。"坛"就是用于供祀的露天的台子，"庙"就是用于供祀的房子。前者侧重于祭祀天神地祇（qí），后者侧重于祭祀祖先与先贤神灵，但又互有交叉。还有一类用于祭祀的场地曰"墠"（shàn），就是一块打扫干净的平地。从祭祀活动的文化属性来讲，还把坛庙建筑称为礼制建筑。

坛庙建筑属于一种奇特的建筑类型，是一种介于宗教建筑与世俗建筑之间，但确有宣教职能的建筑。坛庙建筑中祭祀与供奉的内容，可以归纳为天神地祇和已经"升天"祖先及先贤。与祭祀活动相关的内容，还有一套完整的仪式和节日，即各种祭祀活动都有相关的规范内容，包括时间、地点、人员、服饰、器具、祭品、音乐、规模、程序等。

古人祭祀与供奉的主要目的有三层：一是"祭宗庙，追养也；祭天地，报往也"，就是寄托对祖先养育恩情的感激与追念，以及报答自然神祇护佑的恩泽；二是为今人祈求福祉，确保平安；三是起到表达政治目的的宣示作用。如对血统、特权等宗法制度合理性的宣示等，这就是所谓的"礼"的核心内容之一，因此也把祭祀的礼仪称作"吉礼"。前两者是显性的，后者是隐性的，也是祭祀文化在成熟之后真正的本意。

上述祭祀文化与宗教文化所诉求的内容是相类似的，只是在坛庙建筑中不需要如佛僧一样的神职人员。至少从有明确记载的周代开始，相关的"神职"人员只是礼仪性的、服务性的和表演性的，也就是古代版的"国家公务员"，一般归礼部类的政府机关领导。祭祀文化本身也不需要宣讲信仰义理专门的经书，因此祭祀不同于纯粹的宗教。

《汉书·郊祀志》说："《洪范》八政，三曰祀。祀者，所以昭孝事祖，通神明也。旁及四夷，莫不修之；下至禽兽，豺獭有祭。是以圣王为之典礼。民之精爽不贰，齐（斋）肃聪明者，神或降之，在男曰觋（xí），在女曰巫，使制神之处位，为之牲器；使先圣之后，能知山川，敬于礼仪，明神之

事者,以为祝(觋的一种);能知四时牺牲,坛场上下,氏姓所出者,以为宗(觋的一种)。故有神民之官,名司其序,不相乱也。民神异业,敬而不黩,故神降之嘉生,民以物序,灾祸不至,所求不匮。"其中的"觋""巫""祝""宗",就属于这类"国家公务员"。

中国古代社会是一个多神的社会,以一则史料的记载便可窥见这一基本特征。《史记·封禅书》说:"……雍(今陕西省凤翔县城南,是秦国历史上时间最长的都城)有日、月、参、辰、南北斗、荧惑、太白、岁星、填星、辰星、二十八宿、风伯、雨师、四海、九臣、十四臣、诸布、诸严、诸逐之属,百有余庙。(陇)西亦有数十祠。于湖有周天子祠。于下邽(guī,今陕西省渭南市东北)有天神。丰、镐("丰京"及"镐京",今西安市西南12公里的沣河两岸,丰京在河的西岸,镐京则在河的东岸)有昭明、天子辟池。于杜、亳有三社主之祠、寿星祠;而雍、营庙祠亦有杜主。杜主,故周之右将军,其在秦中最小鬼之神者也。各以岁时奉祀。唯雍四时上帝

为尊,其光景动人民唯陈宝。故雍四时,春以为岁祷,因泮冻,秋涸冻,冬塞祠,五月尝驹,及四仲之月月祠,陈宝节来一祠……"

我们可以粗略地看看这些神庙所奉祀神灵的基本内容:

"日""月"——日与月几乎是最早出现的自然神,有着非常复杂的含义,可以说阴阳观念的形成就源于此;"荧惑"——火星;"岁星"——木星;"填(镇)星"——土星;"辰星"——水星;引文中没有提到五星中的"太白"(金星),应是太史公没有尽言之故,太白之祠可能包含在下文"百有余庙"中。

"二十八宿"——黄道带附近的二十八个"星座";除了五星外,还有的是属于二十八宿的单祠,如"参",即二十八宿中西宫参宿之祠,参主杀伐。又如"南北斗"——北斗即北斗七星天枢、璇、玑、权、衡、开阳、摇光。《史记·天宫书》说:"斗为帝车,运于中央,临制四乡。分阴阳,建四时,均五行,移节度,定诸纪,皆系于斗。"

"风伯""雨师"——风伯为箕宿,是东方七宿之一;雨

汉武梁祠画像石"帝车图"

师为毕宿，是西方七宿之一；"四海"——四海之祀应出于认为大地环海的概念，它是将四方概念和海的概念结合起来形成的，邹衍的大九州岛说认为九州岛外有裨海，又有大瀛海环其外，已是在此基础上形成的更精致的寰宇学说。

"寿星"——南极老人星；"诸布"——散布的祭星的地方；"诸严"——"严"当为避汉明帝刘庄讳，应为"诸庄"，路神；"诸逑"——《汉书·郊祀志》作"诸逐"，亦指路神；"天神"——即上帝"太一"；"昭明"——彗星。

"天子辟池"——为周镐京辟雍故地，所祠者为镐池君；"九臣""十四臣"——疑为"九皇、六十四民"之说，皆为古传说中较大的氏族首领；"周天子祠"——祭祀周天子的祠庙；"三社主"——《汉书·郊祀志》作"五社主"，为不同性质的地祇；"杜主"——《汉书·地理志》说京兆尹有杜陵县，为故杜伯国，有周右将军杜主祠四所。

"四時"——白、青、赤、黄四天帝庙；"陈宝"——根据《史记·封神书》记载，秦文公曾得到一块质似石头的东西，在陈仓山北坡的城邑中祭祀它。它的神灵有时经岁不至，有时一年之中数次降临。降临常在夜晚，有光辉似流星，从东南方来汇集在祠城中，又像雄鸡一样啼鸣引得野鸡纷纷夜啼，名为陈宝。

秦雍城是当时各诸侯国都城里面规模最大的，但面积也不过十平方公里，且只是属于诸侯国级别的城市，而祭祀建筑就有"百余庙"，祭祀文化在中国古代史上的重要地位由此可见一斑。

中国古代祭祀文化的发展大致可以分为夏及史前时期、殷商时期、西周与春秋战国时期、秦汉时期、汉以后时期等几个阶段。夏及史前时期有不少祭祀遗址出土，目前对于这一时期祭祀内容的认识也仅仅是推测；殷商时期也有很多祭祀遗址出土，并有甲骨文和部分祭器铭文可作为研究的参考，但目前对于这一时期祭祀内容的认识也是推测，只是对其中部分大框架内容的认识比较接近于真实；西周与春秋战国时期祭祀遗址出土的更多，并有甲骨文、祭器铭文和其他文献可作为研究的参考，但因为年代久远，文献也相对缺失，很多现有的文献又是后人编纂附会的，因此也不能确切地了解其全貌。

秦汉时期对于祭祀文化来讲，是一个特殊的历史时期，可以说是对祭祀内容的重新整合时期。史书中对这一时期祭祀内容的记载比较明确，尽管这一时期各家各派学说对具体的祭祀内容的本意有很多的争议，这些争议的产生主要也是由于史料的不足；汉以后各朝代的祭祀内容虽说各有发展，但绝大多数内容都是以汉儒总结的内容为依据。时至清朝的灭亡，中国古代社会绝大多数的祭祀内容随之而彻底消失。

探究中国坛庙建筑的演进历程，需要首先理清如下几个方面的问题：

一、与世界上其他古代文明的建筑相比，中国的传统建筑有如下几个方面的主要特征：其一是单体建筑在材料、结构、构造、空间、外形等方面的演进都是非常缓慢的，比如，明清时期的建筑与唐宋时期甚至是两汉时期的建筑相比较，不论在哪方面都没有本质性的进步；其二是单体建筑无法满足于复杂功能方面的要求，对于这些功能要求只能依靠单体建筑的组合来实现，而以单体建筑为基本单元的建筑群体的空间组合关系，才真正是中国传统建筑主要的文化内涵与魅力所在；其三是在不同功能的建筑群体之中的，相同等级的单体建筑并没有本质性的区别，比如，某种形式的单体建筑既可以用在宫殿中，又可以用在寺庙中。

二、祭祀活动的本意在于观念性的诉求、宣示与表达，它虽

坛庙建筑

然也有着看似复杂的活动程序，但对此类单体建筑并没有过高的功能需求。有时对于观念的诉求、宣示与表达，反而需要在最简单的"场所"内进行。而对于其他相关"场所"的连带要求，也主要体现在广义的空间组合形式的概念表达方面，单体建筑的形式反而是退居次要地位了。这也与前述中国传统建筑的主要特点是一致的。

三、中国的祭祀文化是一种最为复杂的文化体系，主要特点表现在如下几个方面：其一是其很多近似于宗教性的内容往往与历史内容、神话内容混杂在一起，中国的地域广博，但有文字的历史也并不算长久，再加上祭祀文化本身又有很强的功利目的，这就使得后人很难梳理清楚各种祭祀内容最初的本意和清晰的传承关系，这种"解读"性的困难和不同的功利目的又使得原本不清晰的祭祀内更加容易歧义百出；其二是由于祭祀文化本身的特殊性，它的昌盛时期反而是在远古，以后的发展趋势几乎是走向了简单的程序化模式，特别是很多内容完全背离了它最初的本意；其三是中国祭祀文化的产生早于其他类型的文化，它也必然是中国古代主流文化重要的内容之一，并反映在总体文化的各个方面上。因此，梳理中国祭祀文化的内容就如同梳理中国历史文化的主流内容。

基于以上三个大的方面的原因，那么坛庙建筑的魅力并不仅在于孤立的建筑本身，而是更在于其背后的文化内容，讲述坛庙建筑必须与其所依附的文化内容紧密地结合在一起。如果抛开其背后的文化内容，也就看不出坛庙建筑的文化魅力所在了。

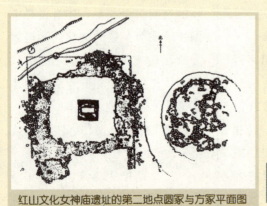
红山文化女神庙遗址的第二地点圆冢与方冢平面图

小百科

地祇：地神。

# 第二章
# 史前时期的坛庙建筑

**TEMPLE ARCHITECTURE**

1989年在河南濮阳西水坡仰韶文化遗址中，挖掘出了距今约6500年前的三组蚌塑图，它们排列在一同条南北子午线上。

第一组与墓葬结合，墓葬编号45。墓中埋四人，墓主为一壮年男子，身长1.84米，仰身直肢，头南足北，居墓正中；另三人的年龄较小，居墓东、西、北三面的小龛内。

墓主左右两侧有用蚌壳堆塑龙虎形象，龙居东，头朝北，背向西，身长1.39米，高0.67米，显然即是后世文献中的"青龙"；虎位西，背朝东，身长1.39米，高0.63米，显然即是后世文献中的"白虎"。墓主北面用蚌壳和人的胫骨组成了一个北斗图案，斗魁用蚌壳堆塑，斗柄由两根胫骨组成，基本居于墓中央的位置，即为《史记·天宫书》中所说的"斗为帝车，运于中央"。

墓主头顶的弧形表示苍穹，东西两侧的弧形表示东方天与西方天，墓室的北部做成方形表示大地，而墓主也正是站在"帝车"之上，具有无可争议的"神格"地位。另外，龙虎图形表明在这一时期的古人已经有了春分

河南濮阳西水坡仰韶文化遗址–蚌塑龙虎二分图

和秋分的概念。

由此往南20米为第二组蚌图，有蚌塑龙、蚌塑虎、蚌塑鹿（麒麟）、蚌塑蜘蛛和一把宽板石斧。斧即钺，但那时还没有金属制造的钺，去掉"金"字偏旁的"戉"即与"岁"字相通，"为斧而铭之以岁"，是冬至岁终大祭的仪仗；鹿（麒麟）为周之前的北宫"鹿宫"；蜘蛛可能代表回归年开始新生的太阳。这表明在这一时期的古人已经有了冬至的概念。

再往南25米为第三组蚌图，摆在一条由东北至西南的灰沟中。原考古报告说："这条灰沟好像一条空中的银河，在沟中零

星的蚌壳，犹如银河中的无数繁星。"其中有蚌塑人骑龙、蚌塑虎、蚌塑飞禽、蚌塑圆圈等，后两者因受晚期灰坑的破坏，图像已经不清楚了。飞禽应该就是后世的夏至"日躔（chán）南宫"（日运为躔，月运为逡）的"朱雀"。这表明在这一时期的古人已经有了夏至的概念。

河南濮阳西水坡仰韶文化遗址–蚌塑夏至图

墓葬整体的图形与布局说明，在这一时期的先民已经运用"四灵"的概念来比附四季的春夏秋冬，并且墓主人已经尊贵到可以解释"天意"，把自己比

附天神的地位了。这一组墓葬遗址中所表达的文化内涵，是迄今我们发现的史前文化遗址中最细腻、最成熟、最丰富的。只可惜遗址原地面上的一切痕迹早已被毁，但对比墓葬内对复杂的文化概念表达手法成熟的程度，很难想象原地表以上会没有相对应的建筑内容。

1986年在浙江余杭瑶山发现了11座距今约4800年左右的良渚文化时期的墓葬群。其中的祭坛经过精心设计，为近方形的漫坡状，边长约20米，高约90厘米，以不同的土色分为内外三重。中心为红色土方台，红土外围为灰土填充的围沟，最外层是用黄褐色土筑成的围台。最有特点的是这座祭坛由多色土构成，衬托了

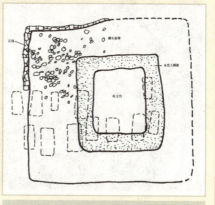

浙江余杭瑶山良渚文化遗址–祭坛平面图

坛庙建筑

祭祀场所的神秘色彩，可以说是开启了后世多色土祭坛建筑的先风。此外，在浙江海宁大坟墩和余墩、上海青浦福泉山、江苏昆山赵陵、常熟罗墩、武进寺墩等地，也都发现了良渚文化的高台土冢、祭坛墓地。

1983年在辽宁省朝阳市凌源市与建平县交界处的牛河梁，发现了距今约5000年，属于红山文化晚期的祭祀遗址。在东西约1000米，南北约5000米连绵起伏的山冈上，有规律地分布着女神庙、祭坛和积石冢群。该祭祀遗址独立于居住区以外，规模宏大，同时出土了大量精美的陶器、石器、玉器。

女神庙在牛河梁主梁顶部，是整个遗址群的中心位置。在主梁顶有一平台，东西长159米，南北宽75米，台址周边多以石料砌墙，台面高出女神庙的室内地面平均约2米。这是一处大型祭祀的广场，女神庙位于平台南侧18米处的平缓坡地上，平面是“中”字形的半地穴式建筑。主体由主室、东西侧室、北室和南三室连为一体，另有南单室。总范围南北长25米，东西宽2–9米不等，面积75平方米。全部为土石结构，地上墙壁有木柱支撑，呈拱形建筑。现保存的地下部分，深为0.8–1

辽宁凌源牛河梁红山文化遗址–鸟瞰

米，四壁内竖立5-10厘米的圆木做骨架，结扎秸杆，抹有4厘米厚的草拌泥，外抹2-3层细泥加固墙体。加固后的墙体上还涂有赭红间黄白色的三角形、勾云形、条带形几何图案进行装饰。有的地方还用直径约2厘米的圆窝点纹进行装饰。庙内堆满建筑物构件、陶祭器、泥塑人像和动物雕塑的残件。

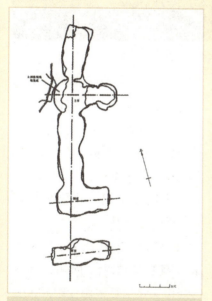

辽宁凌源牛河梁红山文化遗址-女神庙平面图

经挖掘，人物塑像已出残件分属七个个体，均为女性。其中相当于真人两倍的面部、手臂、腿部位于西侧室，经拼接为盘腿正坐式；相当于真人三倍的鼻、

耳位于主室中心。庙内重大的发现是出土了一尊较完整的女神头像，位于主室西侧。头像高22.5厘米，宽23.5厘米，塑泥为黄土质，掺草禾，内胎泥质较粗。捏塑的各个部位则用细泥，外表打磨光滑，颜面呈鲜红色，唇部涂朱。头像为方圆形扁脸，颧骨突起，眼斜立，眉弓不显，鼻梁低而短，圆鼻头，鼻低平，无鼻沟，上唇长而薄，这些都具有蒙古人种特点；头像额部隆起，额面陡直，耳较小而纤细，面部表面圆润，面颊丰满，下额尖而圆，这些又都具有女性特征。

辽宁凌源牛河梁红山文化遗址-女神头像

积石冢是红山文化的墓葬形制。牛河梁遗址有编号的冢共有13处，大都分布在较为平坦的山

坛庙建筑

辽宁凌源牛河梁红山文化遗址–第二地点方冢

冈上，有单冢、双冢和多冢。冢内又有大、中、小型墓，都砌筑石棺。冢以石墙为界，多道石墙由外向内高起，形成台阶，上封土积石。所用石料为就近开采的硅质石灰岩。冢界内侧有彩陶筒形器排列，墓中只陪葬玉器。最具代表性的积石冢是第二地点和第十六地点。

第二地点位于牛河梁主梁顶南端坡地上，祭坛就位于第二地点内。祭坛居中为立石筑起的三重圆形。三重圆的直径分别为22米、15.6米、11米。每层台基以0.3–0.5米的高差由边缘向中心层层高起。立石所用石料为红色花岗岩质，多为五棱状体，立置排列如"石栅"形。三重圆由外向内逐渐缩小，三层"石栅"内侧分别放置成排的筒形陶器。坛顶面铺石灰岩石块，较为平缓，形成一个结构独特而完整的祭坛体。

1979年挖掘的辽宁喀左县东山嘴祭祀遗址，同属于典型的红山文化遗址，距今约5000多年。祭坛建于喀左县大城子镇东南4公里的大凌河西岸，大山山口的山梁顶上，南北长60米，东西宽40米。北部中心地区有一处11.8×9.5米的石砌方形基址，中间有大片红烧土硬面，其上为黄

辽宁喀左东山嘴红山文化遗址-祭坛平面图

土、石块、灰黑土、碎石片堆积，另外还有人骨、兽骨及形制特异的陶器。

从"大片红烧土硬面"来分析，这个方形"基址"有可能就是方坛。以这个方形基址为中心，东西对称分布有建筑基址和垒石，在西侧的基址下面还半埋压一座居住址。方形基址的南面为广场，离基址15米处有圆形石砌的台基，直径2.5米，用条石围圈一周，表面铺有一层河卵石，看来也是用于祭祀的设施。在这个圆形基址周围还出土了竖穴土坑葬遗骨和孕妇塑像（残高5厘米和5.8厘米各一个）。从这个圆形

基址再向南4米，还有一重复叠压的圆形旧基址，应该也是祭祀活动的坛。

1984年在包头莎木佳阿善第三期新石器时期文化遗址中，挖掘出了一组土丘祭坛。最北坛高1.2米，底部和腰部围砌两圈石块，呈方形的顶部有石块砌面；中部坛高0.8米，四周围砌石块；南部小坛略高出现地平，基部有一圆形石圈。

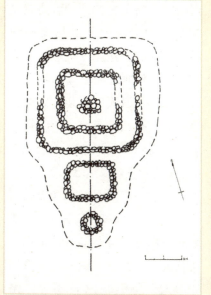

内蒙古包头莎木佳祭坛遗址-平面图

以上的遗址实例中的祭坛或图组，都有较为明确的南北轴线关系。祭坛有圆形和方形两种形式，并且圆坛方位在南，方坛

坛庙建筑

TEMPLE ARCHITECTURE

位北。这对后世的坛庙建筑形式有着很重要的文化参考意义。另外，从牛河梁女神庙"南单室"出土的动物类雕塑来看，其有如后世"献殿"的踪影。

与上面实例相类似的布局形式，还有上海青浦福泉山良渚文化祭坛遗址，距今4000多年。遗址北侧第一台地发现有长方形大坑及圆形土台。圆形土台设于墩顶南边，而方坑处于墩北低处。南圆北方的布置方式，可能就是有意识的"南天北地、天阳地阴"观念的表达。方坑就是"瘗（yì）埋"的穴坑。《尔雅·释天》云："祭天曰燔柴，祭地曰瘗埋。"孔颖达疏曰："天神在上，非燔柴不足以达之；地祇在下，非瘗埋不足以达之。"

1979年挖掘的广西隆安县大龙潭遗址距今4000年左右。在遗址的祭祀坑中有众多石铲排列，共有直立、斜立、侧放、平直四种形式，每组2-20件不等。祭坑大都是圆形竖式，口径和深度多为2米左右，最大者深3米多。坑壁经过修整，有斜坡或阶梯状通道。坑内石铲排列有序，往往将石铲、烧土重叠数层，放置成

圆圈状或凹字形，铲柄朝下，刃部朝上。该遗址出土物以石铲为主，仅完整的石铲就有213件，体形硕大者居多，最大者长70余厘米，重达几十斤，小者仅数百克。不少石铲为平刃，无使用价值，其功能只能供祭祀之用。

"石铲坑"的意义目前还没有被完全解读，也许土坑所象征的就是地祇寄栖之处，而排列有序的石铲就是献祭贡品的"瘗埋"，或代表"社主"的某种含义。

祭坛或"瘗埋"的穴坑几乎在各种史前文化遗址中均有发现，说明祭祀活动在史前时期具有广泛的普遍性。

再看看居住聚落的情况。从考古发掘情况来看，新石器时代中期就已出现了一些有一定规模的聚落遗址，而新石器时代晚期聚落内各种建筑的结构和布局发生了一定的变化，典型遗址有陕西西安半坡、临潼姜寨、甘肃秦安大地湾、山东长岛北庄等。

首先，这一时期的聚落规模较大，如在较完整的姜寨遗址第一期文化遗存中，先后发现完整的房址100多座。每个聚落均可分

成不同区块的房子相对集中区。其次，这一时期的聚落内，房子大小结构及平面布局，均显示出一种向心状态。如半坡遗址：一座面积约160平方米的长方形房子（F1）位于整个村落之中，与它同时代或稍有前后的约27座方形或圆形大房子的门皆面向这座大房子。

姜寨遗址的100余座房子可分为五组，每组以一座大型房子为中心，四周围绕着中小型房屋。各组之间为广场，房屋之门皆面向广场。北首岭遗址，房子的门都朝向广场，分三组，北面的朝南，西边的朝东，南边的朝北。这种一组组的房屋分区布局在有些遗址中（主要是东部地区）则表现为排房式建筑格局。如山东北庄聚落，已发掘部分的房屋分为两排，每排房子中各有一座较大的房子。大地湾遗址坐落在半山腰上，随地形变化而分为若干小区，每小区中都有面积颇大、建筑技术甚高的大型房屋，而最突出的是中心区的901号房子，规模也最大。

这些遗址中的大、中、小型房子，虽都是半地穴式，但规模和结构有很大区别。小型房子面积均为15-20平方米之间，内有火塘和日常必需的生活用具，进门一侧留有一片空地，有时更筑一低矮的土炕。这种房子明显是

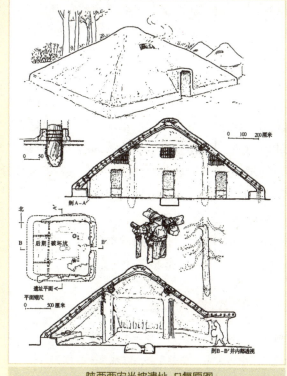

陕西西安半坡遗址-F1复原图

供个体家庭或对偶家庭日常生活所用的。

中型房子面积约20-60平方米，有火塘和日常生活用具，进门两侧均可睡人，有时两边都设低矮的土床。这类房子的居民可能是家庭的长者以及其余不过婚姻生活的老人和少年。

大房子一般有60平方米以上，有火塘，有两个对称的土炕，多用草泥涂抹并经火烧。中小型房屋居住面常发现的生产工具和生活用具，在大型房屋内则罕见。如半坡大房子F1，面积约160平方米，室内有厚5-8厘米的红烧土居住面，室内仅居住面下埋一粗陶罐，南壁下发现人头骨一个。据研究，此房后部原有隔坪，可划分为三个小房间。大地湾901号房子，面积290平方米，为多间式，前有殿堂，后有居室，左右各有厢房。前堂有直径约90厘米的大圆柱，直径2.5米以上的

火塘。地面经过多层处理，最后以泥渗陶质轻骨料铺垫，表面用水泥压擦光滑。这座房子前面有广场，广场上立两排柱子，柱子前面有一排青石板。这些柱子可能是代表各氏族或部落的图腾柱。

这些大房子和中心广场明显是具有社会公用性质和宗教祭祀性质的建筑物。

这一时期聚落中的公共建筑除大房子外，有些还有如前面所举大型的宗教祭祀建筑遗址。但这些大房子本身所具有的宗教祭祀活动与前者在功能上有什么区别呢？如红山文化的牛河梁建筑遗址是一个远离住地、专门营建的独立的祭祀地点，可能其规格远非一个氏族或部落所能拥有。从后世的祭祀内容与祭祀建筑看，新石器时期专有的祭祀场所可能就是"郊祭"的滥觞，而聚落居住区内的准祭祀场所可能就是"庙祭"的滥觞。

## 小百科

**燔柴**：在祭祀天神的仪式中将玉帛、牺牲等祭品置于积柴上焚烧。

**瘞埋**：在祭祀地祇的仪式中将玉帛、牺牲等祭品在坑穴中掩埋。

# 第三章
# 天神体系的坛庙建筑

# 1.【从太阳神、月亮女神到朝日坛、夕月坛】

"我失骄杨君失柳,杨柳轻飏直上重霄九。问讯吴刚何所有,吴刚捧出桂花酒。寂寞嫦娥舒广袖,万里长空且为忠魂舞。忽报人间曾伏虎,泪飞顿作倾盆雨。"这首回肠荡气的《蝶恋花》词,是毛泽东于1957年5月写给长沙第十中学语文教师李淑一女士的。词中的"柳"是指李淑一的爱人柳直荀烈士,"骄杨"是指毛泽东的妻子杨开慧烈士。

词中的吴刚是神话中的人物,据唐人段成式所撰《酉阳杂俎》载:吴刚跟仙人修仙,学仙有过,被罚到月宫砍伐桂树。桂树高五百丈,斧头砍下去刚举起来,桂树被砍伤的地方就立即长好,因此,吴刚一直在月中砍伐桂树不止。嫦娥也是神话中的人物,传说她是上古东夷族首领后羿的妻子。羿曾向西王母要来不死之药,嫦娥偷吃了不死之药后奔入月宫。李商隐《嫦娥》诗云:"嫦娥应悔偷灵药,碧海青天夜夜心。"因此有"寂寞嫦娥"之句。

我们现在耳熟能详的与月亮有关的神话故事中,还有月下老人、玉兔和蟾蜍。

月下老人是传说中掌管姻缘的神,皓发童颜,常在月下翻检婚牍,上面注明了有缘男女之姓名、住址等情况。相传,唐朝韦固路过一个客店,见一老人在月下翻阅婚牍,并告之,店北卖菜瞎妇陈氏的三岁幼女将是他的妻子。幼女长得丑同其母,韦固闻言甚恼,派家奴刺幼女,但只伤其眉睫。十几年后,韦固任相州参军,刺史王泰颇赏其能,以女嫁之。其女容貌甚丽,眉间贴一花子,此女正是昔日菜妇陈氏之幼女,后被刺史领养为己女。

汉朝淮南王刘安及其宾客所著《淮南子·精神训》云:"月中有蟾蜍。"东汉王充所撰《论衡·说日》称："月中有兔，蟾蜍。"汉刘向所著《五经通义》则称："月中有兔与蟾蜍何？月，阴也；蟾蜍，阳也，而与玉兔并，明阴系于阳也。"

以上所录蟾蜍与玉兔皆无具体的故事细节，刘向之说更令人颇为费解。汉乐府诗《董逃行》干脆称："白兔长跪捣药虾蟆丸"，使两者牵强地产生联系，但也让人不解其意。

古代神话是全民口头传承的原始文化内容，它的起源和发展是和人类语言的发展、叙事能力的增长同步并进的，而人类语言能力发展的高潮肇始于新石器时代。这个时代正是人类神话发生、发展的重要时期。《世界史纲》的作者H.C.威尔斯说："旧石器人比新石器人当然是更野蛮的人，但又是个更自由的个人主义者和更有艺术的人。新石器人开始受到约束，他从青年时就受到训练，吩咐该做什么，不该做什么。他对周围事物不能那么自由地形成自己独立的观念，他的思想是别人给他的，他处于新的暗示力下。"他所说的这个"新的暗示力"，正是通过原始宗教仪式活动和原始神话的讲述而体现出来并施加于个人心灵的。

"新的暗示力"并不是在新石器时代突然产生的，它的基础内容所产生的年代可以往前推至旧石器时代的中晚期。图腾文化和巫术文化正是这类"基础内容"的核心，只是这一时期的人类还没有更好的语言表述能力。

在图腾崇拜时期，人们不仅以与自身的生存密切相关的动物、植物为本族群、本民族的图腾，而且还可能以某些更遥远的自然物，如太阳、星星、月亮，以及风、云、火、雷、闪电等自然现象作为图腾。随着万物有灵观念的进一步产生，各种图腾被进一步神话，逐渐演化为氏族、部落乃至地域的保护神。

在中国，图腾崇拜与巫术活动是原始的宗教内容的滥觞，其庞杂内容的逐渐整合，于新石器时代终于形成了两大主要体系：一是解释人与自然之间的关系体系，二是解释人与人之间的关系体系。前者的主要内容是对以太阳为代表的天的崇拜，后者的主要内容是对以"地母"为代表的生殖的崇拜，而太阳与生殖的合

坛庙建筑

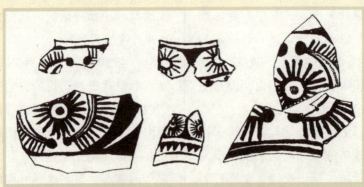

仰韶文化遗址出土陶片上的太阳纹以及曦光纹

一，即是自然与生命的合一，亦即所谓的"天人合一"。它的内涵极具功利性，其后续所延展的内容，几乎概括了上古东方型社会的全部思想体系。

中国的文字产生于殷商时期，在秦汉以前的文献中，对上古历史上一直延续的以太阳神为代表的天的崇拜内容，隐性的记录较多，而直接解释周代以后所祭祀的太阳和月亮到底为何物的文字几乎没有。在产生文字时期，对以太阳神为代表的天的崇拜已经与父权相结合，太阳神早已经"转化"为古先帝。而最早的生殖崇拜产生于母系氏族社会，相关的历史文化内容的真相就更难于解读了，我们也只能从产生于男权社会的文字与相关习俗中，去解读可能早已失去历史真相的历史了。

对太阳神崇拜的强化过程，首先得益于上古先人对太阳的观测、占卜与认识的进步，但更重要的是缘于新石器时代及之后，在相对较大的地域范围内，迫切需要一个统一的"至上神"来约束因不断融合而不断扩大的集体。思想与政令出于多门必然会严重地扰乱社会秩序，《国语·楚语·下》说："九黎乱德，民神杂糅，不可方物（辨别）。"这样，必须"绝地天通"，以实现部落联盟首领（或最高统治集团）对"通天"的控制权及对"天意"的解释权，以便更好地实现对集体无可争议的一元化领导。因为只有这样，部落联盟首领的政令才会成为"天意"的唯一表达，同时也就有了道义上的合理性与合法性。

在后世具体的政治文献《周官》中，就非常明确地体现了"法天而治"的政治思想，就是政治架构中天（神）人（君王）不分、政教合一。"天"是超越、神圣或"神格"的价值之源，"人"是实现超越、神圣或"神格"价值的载体；"政"是现实的权力组成形式，"教"是实现超越、神圣价值的文化管道。所以"法天而治""天人合一"，也是在现实政治中实现超越、神圣的价值，使政治具有某种超越的合理性与合法性。而反过来讲，"法天而治""天人合一"，对世俗赤裸裸的权力（暴力）也有"调适上遂"和"匡正约束"的功能。

对生殖的崇拜，特别是在进入了父系社会以后，既延续了历史的遗俗，又继而强化了有利于一元化领导的另一思想体系——血统论，何乐而不为！更何况男女相媾本身亦是天道的重要内容之一，《易·系辞·下》说："天地氤氲，万物化醇；男女构精，万物化生。"

实现这两类崇拜的实际操作又集中于具体的祭祀活动，《礼记·祭统》说："礼有五经，莫重于祭。"这是把祭祀活动当作了国家最重要的典礼。所以《祭统》又说："凡治人之道，莫急于礼。"礼为何如此重要？《礼记·典礼·上》解释道："夫礼者，所以定亲疏、决嫌疑、别同异、明是非也。"礼包含着区分血统亲疏、决断嫌疑、评判是非的功能，与前面的分析是相当一致的。

以上就是所谓"新的暗示力"主要的思想体系，而上古的颛顼帝就是有记载的一位创造了"新的暗示力"的智者贤君。《国语·楚语·下》说："（颛顼）命南正重司天以属神，命火（北）正黎司地以属民，……是谓绝地通天。"

当然，就颛顼帝本身而言，我们现在就已经很难搞清楚，其究竟是历史中的人物还是神话中的人物。我们同时也应该认识到，在不同的时期、不同的地域，不同的创造"新的暗示力"的人也不得不按某种比例不断地"创造历史"，不然何以会有具有"神格"特征和具有"文化超人"特征的古帝王出现。更何

况，截止到公元前814年，之前我们并没有确切的编年史。

"城头变换大王旗"，历史从来就是动态的，那么"创造"就要不失时机地紧跟历史的进程。中国古文献中所记载的错综复杂的"神际"关系，正是反映了上古历史的动态特征。同时，口头的承传之误、文字的错谬与通假，又是造成"神际"关系错综复杂的另一主要原因。从商代开始，假借字（别字）已在汉字的使用实践中居主导地位，甲骨文和金文的假借字约占百分之七十。

在中国新石器时代的装饰图案中，常可见到一种"十"字形或"卐"字形图案。这种图案也常见于商周甲骨文和青铜器铸文中，其中还有一种类于"十"字形的"亚"字形图案。"十"字形图案也大量出现在商周秦汉的铜镜、铜鼓以及瓦当中，"亚"字形图案亦常见于商周的族徽中。据丁山考证，"十"字图案是太阳神的象征。

"十"字与"卐"字等图形具有极强的对称装饰性，不一定全部是代表太阳。同样，也不能说新石器时代的"八角星"装饰图案（如凌家滩遗址出土的八角星纹玉版），全部代表"八个方位概念"，只可能部分上述装饰图案具有概念的表达性。不然我们很难想象，上古时代每个工匠都是哲人，每件生活用具都要彰显"文化概念"。但从新石器时代的陶片装饰图案和岩画中，我们仍然能找到具象的太阳形象，

四川麻塘坝岩画

以及对太阳神崇拜相关仪式场景的描摹。当然，更少不了对生殖崇拜场景的描摹。

最新的考古发现是于2001年四川成都金沙遗址出土的"四鸟环日"金饰。中国古代的先民们常常将太阳与鸟联系在一起，这比起上述文字型图案更具象、更容易被大众所理解，因为太阳的东升西落就像在天空中翱翔的巨鸟。

四鸟环日金饰

古代文献中就有许多关于太阳和神鸟的记载，如《山海经·大荒东经》："汤谷上有扶木，其叶如芥。一日方至，一日方出，皆载于乌。"在其他的考古实物中，这种图案也非常多，如，仰韶文化陶器上所绘的鸟纹，其背上驮一大圆点，正是太阳鸟的形象；河姆渡遗址中出土的"双鸟负日"骨雕和"双鸟朝阳"牙雕；凌家滩遗址出土的太阳纹玉鹰；在良渚文化中，太阳和鸟纹也常常出现在一些代表神权与王权的器物上，如玉璧、玉琮上的一些刻纹；红山文化墓葬中发现人头上立有玉鸟；二里头遗址出土的陶方鼎有呈旋转状的太阳纹；铜鼓的鼓面中心也常常装饰为太阳纹。

到了汉代，有关太阳与鸟的文物出土更多，马王堆一号汉墓出土的帛画上有一只金乌栖息于太阳中；满城汉墓里有鸟衔太阳铜灯；汉代画像砖上还有双凤衔日图像。以上这些实物，也都是中国古代先民对太阳神崇拜的间接证据。

直接记载对太阳神崇拜的最早文字记录是殷墟卜辞，如："乙巳卜，王宾日。""庚子卜，贞：王宾日亡尤。""出、入日，岁三牛。"等等。郭沫若根据上述卜辞材料，断定殷商人每天早、晚均有迎日出、送日归的礼拜仪式。

在上古时期，太阳神和月亮神的情况又非常特殊，很早就

坛庙建筑

(23)

转化为君王和君后了（君后又与后土混合）。伏羲可以写作伏牺、伏戏、赫胥、包羲、疱羲、宓羲、虑牺、羲皇等。在上古神话（或"历史"）体系中，伏羲是一位具有"文化超人"式的人物。何新总结了各种重要发明都被归为其门下：天文——"仰则观象于天，俯则观法于地"；医药——"尝味百药而制针灸，明百病之理"；音乐——"始作琴瑟"；数学——"作九九之数"；畜牧——"伏戏服牛乘马"；文字符号——"作八卦以通神明之德，以类万物之情"；饮食——"包羲取牺牲供包厨，以炮以烙"。

在古代典籍中，伏羲首先与太昊相混。魏晋时期皇甫谧在《帝王世纪》中称："大昊帝包牺，……继天而生，首德于木，为百王先。帝出于震，位有所因，故位在东方。主春，象日之明，是称太昊。"张舜徽先生曾指出：帝为日的别名，震当训作晨，"帝出于震"就是"日出于晨"。由以上看出，伏羲、大（太）昊都应该是早期太阳神的称号。

汉初的《尔雅》把"昊"释作春神之名。春神之名曰"析"，即"昕"，亦即"羲"。那么伏羲、大昊与《尚书》中的春神"析"，以及甲骨文中的东方之神"析"，是同一人或神。

《左传》云："太昊氏以龙纪。"《帝王世纪》云："庖牺氏蛇身人首。"东晋王嘉所撰《拾遗记》称："蛇身之神，即羲皇也。"这又可以看出，太昊与伏羲不仅同为太阳神，又同主春季，主东方，连形象也一样。何新认为：龙的原型是蛇、蜥蜴与鳄鱼类的两栖动物。

丁山认为太昊之"昊"无定字，可写作：皓、暤、颢、浩，而凡此诸字皆有光明盛大之义。童书业指出太昊又可写成"帝喾"。《帝王世纪》称："帝喾生而神异，自言其名曰夋。"长沙战国《楚墓帛书》载："帝颛顼命夋运行日月。""日月夋生。"这样，伏羲——太昊——帝喾——夋——析就演化为了同一性质的人或神。

何新认为在中国历史的上古时期，生活在西北的一族系为：颛顼族又称太昊族（号高阳氏），称太阳神为羲（伏羲），以龙为太神的象征，这一系可能就是夏人的先祖；生活在东方的一族系为：帝喾族又称少昊族（号高辛氏），称太阳神为夋，以凤鸟为太阳神的象征，这一系可能是商人的祖先。其族系中有一支南下，进入江汉平原，是楚王族的先祖。先秦史料《世本》称："帝喾生契。""少昊名契。"也有一种观点认为，楚王族为同属于西北族系的炎帝系之后，太昊即颛顼。

司马迁认为颛顼与帝喾为两个具体而真实的帝王，且同为黄帝之后（似有简单归纳之嫌）。

从这些就可以看出，我们对中国早期历史的内容根本就没有统一而明确的认识，主要是历史文献本身就歧义百出。

在古代的典籍中，伏羲又常与黄帝相混，因其事迹的大部分与黄帝的事迹相重叠，何新总结为：天文——"黄帝使羲和作占日，常仪作占月"；医药——"使岐伯尝味草木，典主医病经方本草素问之书"；音乐——"令伶伦作律吕"；数学——"使大桡作甲子，隶首作算术"；畜牧——"黄帝服牛乘马"；文字符号——"使沮涌仓颉作书"；饮食——"黄帝取牺牲以充包厨"。黄帝的事迹与伏羲的相比，只是多了"使""令"二字，连相貌亦是"人首蛇身，交尾首上"（《天官书》注）。

《说文》和《风俗通》都说"黄"字可通"光"字。《释名》说："黄，晃也，犹晃晃如日光也。"那么，我们也可以把黄帝看作太阳神的称号了。

汉画像石上的伏羲和女娲

在汉墓出土的画像砖与画像石中，有一种母题经常出现，即女娲常与伏羲连体交尾，两

者或人首蛇身，或人首蜥蜴身。伏羲手中常捧着太阳或规，而女娲手中常捧着月亮或矩。也有所持的规矩相反的情况，疑为匠人之误，也可以理解为"阴阳交错"。规画圆而矩画方，既喻始创"规矩"，又喻"天圆地方"。太阳像"阳"像天，月亮像"阴"像地。由此看来，女娲就是月神即太阴神。月神最早产生的年代应该说不晚于太阳神。

汉画像石上的伏羲和女娲

《风俗通义》称："天地初开，女娲抟黄土人，剧务，力不暇供，乃引绳横泥中，举以为人。"《帝王世纪辑存》称："女娲风姓，承伏羲制度，亦人头蛇身一日七十化。"从这些记载来看，女娲是被尊为中国型的人类之母。《山海经·大荒西经》中还说女娲用其肠子创造了十个神，神名为"女娲之肠"。故，女娲又有了"神祖"的身份。

东汉张衡的《灵宪》中载："嫦娥，羿妻也。窃西王母不死药服之，奔月……嫦娥遂托身于月，是为蟾蜍。"较《灵宪》为早的《山海经》《淮南子》《归藏》中，也皆有嫦娥窃不死之药服之而奔月的故事。

在成书于战国时代的《山海经》中，与月亮有关的女神名"常仪""常羲""女和"。何新认为"仪"字古音从"我"读"娥"，故都是指嫦娥。"娲"所从之"呙"，古韵隶于"歌"部，与"我"同部，"娲""娥"叠韵对转，可通用。故女娲，也就是女娥，即常仪，常羲，亦即嫦娥。

《诗经·小雅》中说："月离于毕（宿），俾滂沱矣。"《开元占经》称："月晕辰星，在春大旱，在夏主死，在秋大火，在冬大丧。"《论衡·顺鼓篇》记汉俗说："久雨不霁，则攻社祭娲。"据此可推为：月神女娲是主水旱之神，主水旱之神又别名"女魃"或"女发"。《说文》载："魃，旱鬼也。"

《山海经·大荒北经》载："大荒之中，有系昆之山者，有共工之台。有人衣青衣，名曰黄帝女发。蚩尤作兵伐黄帝，黄帝乃令应龙攻之冀州之野……蚩尤请风雨师纵大风雨，黄帝乃下天女曰发，雨止。遂杀蚩尤。发不得复上，所居不雨……后置之赤水之北。"

晚于《山海经》的《北堂书钞》载："昔蚩尤无道，黄帝讨之于逐鹿之野，西王母遣道人以符授。黄帝请祈之坛，亲自受符，视之乃昔者梦中所见也，即于是日擒蚩尤。"

何新总结两则不同版本神话的深层结构为：黄帝战蚩尤不利，上天某女神以某种方式助黄帝战胜蚩尤。这样，女发即西王母。

《史记·五帝本经》载："黄帝……娶于西陵氏之女，是为嫘祖。"嫘即是螺。《山海经·海内经》载："黄帝妻雷祖。"《史记》索隐《帝王世纪》载："黄帝元妃西陵氏女，曰雷祖。""雷祖"即"螺祖"，古同音之转。

王引之的《经义述闻》说蜗、螺在上古乃是一切水中甲介类的通称。何新认为，"累"字古代还有一音，读luó。田螺，蛤蚌，古人称作"仆累"，也称作"娲"。螺、蜗音近义同。这样，女娲——嫦娥——女发——西王母——雷祖——螺祖也同样演化为了同一性质的人或神。西王母、嫦娥的原型都是女娲或嫘祖女神的延展神，或是同一神的异名分化。

上面提到古文献中伏羲的事迹与黄帝的事迹大部分相重合，连配偶也相重叠，两者可能是上古不同族团对相交融的同一神话母题的"各自表述"。

《淮南子·天文训》云："积阳之热气生火，火气之精者为日；积阴之寒气生水，水之精气者为月。"西汉《大戴礼》载："阳之精气曰神，阴之精气曰灵。神灵者，品物之本也。"西汉《礼记·乐记》说："阴阳相摩，天地相荡……而百化兴焉。"这些可作为伏羲与女娲相交连体形象母题的最好注解，也是中国传统

坛庙建筑

文化中最基础的哲学观念之一，即二元交会的阴阳观念。

《山海经·大荒西经》又说，西王母其状如人，豹尾虎齿，而善啸，披发，戴胜，是司天之厉及五残，即西王母又是刑杀之神。旱发又别名"死魃"，即死神。在中国神话的辩证观念中，生神与死神即创造生命之神与刑杀生命之神乃是同一个神。

《酉阳杂俎》中的"吴刚伐桂"的故事是暗喻月神不死，死而复生。这也正是古人对月相望朔循环的"合理"解释。

其实从另外一方面讲，夜、月、水、寒、地、降等为阴，夜至月升而寒湿气降；又，月升而蛙鸣。这样，上古之人便很容易联想到蟾蜍也为月之精，更何况月海之影似蟾蜍。我们在新石器时代的彩陶上常见有圆如满月的蟾蜍图案。李玄泊先生认为，上古最早居住于涂山等地的氏族当是以蟾蜍为图腾。

《天问》中有两则关于月亮的问句："夜光何德，死则又育？厥利维何，而顾菟在腹？"现译为："那夜光的月亮有什么德能，使它死去之后又能复生？它的牙齿该多么锋利，竟能把顾菟吃进肚腹？"何为"顾菟"？《左传·宣公四年》载："楚人

马家窑文化彩陶上的蛙纹和雨点纹

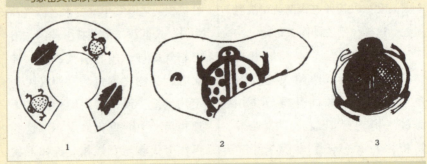

1　　　　2　　　　3

新石器时代彩陶上的蟾蜍纹

谓乳谷，谓虎于菟"；又，卜辞有"虎方"族。郭沫若和丁山都曾证明："虎方"即其他文献中记录的"徐方"。"徐"音"余"，通"涂"。淮、楚之间称虎为"于涂"，即"于菟"。"顾菟"即"于菟"，即虎。如此说来，月中的玉兔应该来源于"于菟"。

同。《礼记·祭义》载："……祭日于东，祭月于西，以别内外，以瑞其位。"由这些内容可以推断出：月亮中的玉兔的原型就是白虎，白虎与月亮本身的"属性"也是非常一致的。

多学科的研究也表明，华夏神话与宗教观念的转变，也是伴随着古人对天文观测与应用的不断深入而不断演化的，不然帝王何以"通天"。

上古对太阳神的崇拜，基本上贯穿了自伏羲至炎黄帝的数千年时代，跨越

殷商铜器上的虎神食鬼器物与图案

在大量古文献中，虎都是逐怪镇鬼之神。《山海经》中西王母的形象也是"豹尾虎齿善啸"，两者相符。在完善的二十八宿系统中，"白虎"又属于西方之宿，属主秋季之宿，同样主"刑杀"，属"凶"，属"阴"，与太阴神月亮的职能相

了自渔猎发明（伏羲时代）至由采集而种植（神农时代），直到大规模畜牧与垦殖（炎黄时代）的一系列经济时代。最早各个族团可能以观测某颗恒星的"初昏可见"为粗略地确定回归年的标准（与"候物历"长期共存），如，燧人氏与后来以炎帝为代表

坛庙建筑

仰韶文化庙底沟类型彩陶上的火焰状星辰纹

的神农部落对大火星（心宿二）的观测，并以大火星为图腾。当然，更不能排除对太阳与月亮的直接观测。

距今约6500年左右，原可能属于不同族团图腾崇拜的神灵（龙、凤鸟、虎和麒麟）与北斗七星一起上升为天界的神灵了。这一时期可能使用一种称为"六龙季历"的历法；这一时代的后期，对太阳和月亮的观测明显地得以加强，而对恒星的观测仍作为一种重要的观测手段。如，在《尚书·尧典》中既记录了对太阳和月亮的观测，又记录了对"星鸟""星火"（心宿二）"星虚""星昴"的观测。以太阳神黄帝——伏羲为中心，以其配偶司月女神，即雷、电、雨之神嫘母——女娲为副神，大概于此时即上升为天界的主要神灵。而龙与凤凰，则也同为与太阳神和太阴神一样，成为体现宇宙阴

阳观念的神灵了。以建立夏王朝为代表的某支西羌族团，可能于此时或之前也发明了以太阳神为"大辰"的十月太阳历。

与上一时代相交叉及之后很长的一段时期内（包括夏王朝在内），单一的太阳神、太阴神系列又发展为多方位的太阳神系列，即"九阳"或"十阳"。如在殷商时期的甲骨文中就出现了以北极点（星）为"上帝""太一""太极"的至上神。而太阳神及其配偶，则演变成了主持四方及运转四季的四大方位神和四大季风之神。东方神为"折"或"析"，南方神为"因乎"或"因"，西方神为"石夷"或"夷"，北方神为"乞"或"伏"。这些神灵演化为神格的五方帝及人格的五方帝与五佐臣（人格的亦合而为十）的时代要早于周代：东方为"青帝、太昊与勾芒（即高媒）"，南方为

"赤帝、炎帝与祝融"，西方为"白帝、少昊与蓐收"，北方为"黑帝、颛顼与玄冥"，中为"黄帝（神格）、黄帝（人格）与后土"。这也是"五行"观念的滥觞，而五大行星则被看作日神的使者。神格的黄帝又叫"含枢纽"，这显然又与对北极天区的星崇拜有合二为一的痕迹。

特别值得一提的是，此时的北方之神玄冥已非常明显地不同于原距今约6500年左右的北方之神麒麟。玄冥神为水神、海神和冥神，即为治水不成功而被杀的鲧（gǔn，龟）及其配偶修巳（蛇）的联体形象。另一种传说为："冥"是夏朝时商部落首领，相土的曾孙，曹圉之子，商汤八世祖，子姓，甲骨文中称谓"季"，其子为王亥和王恒。冥任夏司空，是在大禹之后的又一位治水英雄，任官勤劳，死于水中，后商人以郊祭祭祀。《国语·鲁语·上》载：冥勤其官而水死。后世之人奉为水神，称之为"玄冥"。

殷人除继承及延续了前人观测大火星的遗俗外（如果相信文献中的记载，那么先人对大火星的观测到此时至少已经有3000年的历史），并至晚于此时已掌握了以测日影确定冬至的方法。阴阳历的应用也日渐精确，可能正是在此时发生了"羿射十日"。《淮南子·本经训》载："逮至尧之时，十日并出，焦禾稼，杀草木，民无所食……尧乃使羿……上射十日。"对这则神话合理的解释为：上古先民曾把太阳尊为至上神，认为在一年的十个月（十月太阳历）中，每月由不同的太阳神"值月"。这样，既通俗地解释了年与日（天）之间的单位划分，又通俗地解释了每月的气候（温度）何以不同。

强势族团在新的地域（面对新的臣民），采用新的历法（可能是"火历"），建立与融合新的神系，便于施展更广泛的统治权威。这样，不得不"上射十日"，这也是强势族团在融合弱势族团后，废除后者的神系的具体举措。在中国，从上古时期到"封建"王朝的结束，历法既是专门的科学知识，又是一种风俗习惯，更是一种不可随便触摸底线的制度。然而在政权更迭之际，其又是最好的"政治宣言"。

TEMPLE ARCHITECTURE

周初改历，对月亮的观测更为精确，把月相的变化细分为"既生霸""既望""既死霸"之三点三段式，以便使一个月的时间长度精确地对应于真实的月相变化。在此时期，月神的地位肯定会再一次提高，这也可能是在后来的文献中月神比太阳神更具"显性特征"的原因。

周初，北极神也终于最终取代太阳神和月神，成为主持天地的至上神，即为稍后出现的"太一""太极"及道教中的"玉皇大帝""耀魄宝"。然而"太极"过于抽象，汉代的方士还是把天道教的创始归为了具有"人格"的伏羲——黄帝门下（再扯上老聃），二元的观念也进一步加强（与儒家的思想也并不矛盾）。这也是在汉代的美术作品中，不厌其烦地反复出现伏羲与女娲形象的原因。

大约从周初以降，阴阳合历的普遍应用标志着天文观测等活动逐步变

为了更专业与更精密的专门的学问，"宇宙模型"也更加清晰具体，使得以太阳和月亮为代表的亦人亦神的"复合型神格"日渐式微，逐渐分化为"更具象的人格"与"更抽象的神格"。对于"更具象的人格"的崇拜，一方面逐渐演化为华夏民族对"共同的历史和先祖"的追述，另一方面则是重新掺杂了其他的内容，形成了真正意义上的宗教（只是其"生命本体"以人的形象出现，如玉皇大帝）；对于"更抽象的神格"的崇拜与祭祀，则是剔除了易被揭穿的神话内容，回归到其图腾崇拜时期最原始的本性，且一直延续到清朝末年。

玄武图

如人格的五方帝与"单纯"的青龙、朱雀、白虎、玄武和太一相分离。《史记·礼书》说："天者，高之极也；地者，下之极也；日月者，明之极也；无穷者，广大之极也；圣人者，道之极也。"这里的"日"与"月"也已经没有任何"人格"的形象了。

天文观测活动对中国祭祀文化的影响，也可以从《易经》中的部分内容中找到佐证。《易经》产生于何时及其演化的历程已无法确切考证。根据有些专家考证推断，八卦的产生与十月太阳历有关，进而推断其产生于上古西羌族团。这似有些道理，至少某些卦的爻辞确实与天象、季节等内容有关。如，乾卦即阳卦，在季节上相当于春分至秋分的半年时期，在此期间，阳气从渐"盛"逐渐转化为渐"藏"，故"干卦勿用"。东方苍龙七宿，在春分黄昏时现于东方，随季节之推移，其方位逐渐向西方移动，至秋分时，隐没于西方地平线之下。

干卦之一爻对应一个时节，相当于从正月至七月。故，初九，"潜龙勿用"——龙星在地平线下；九二，"见龙在田"——二月春分，龙角现于东方地平线，即"龙抬头"；九三，"终日干干"——龙形毕现；九四，"或跃在渊"（河汉）——飞龙横亘南北；九五，"飞龙在天"——五月夏至，初昏时苍龙在正南，《尧典》云："日永星火（指心宿二），此正仲夏"；上九/用九，"群龙无首"——月令："仲秋之月，日在角。"秋分初昏，日与角宿隐没于西方地平线之下，故群龙无首，阳气已尽，将转为阴。

古人对太阳与月亮的崇拜，对天与地的崇拜，对男女生殖的崇拜（也暗示了对祖先的崇拜），构成了上古时期祭祀文化的基本内容，同时又是神话的潜性内容。这种阴与阳的二元关系也构成了中国传统哲学的基础之一。最明显的是，古人把月相的周期变化对应于女性的生理周期变化，以及生物的"生命循环"的周期变化；把女性的生育特征对应于大地孕育万物生长的特性，这是阴的观念的形成。阴不但能孕育也能破坏和回收，生与死不是绝对的，是循环往复的

过程，就像月亮那样能"死"（朔）而"复生"（望）。

当然，上述这些崇拜内容的传承轨迹也有其复杂性，垂直与曲折迂回的传承历程并举，两种轨迹也经常并为一起，这也是历史上祭祀内容异常复杂化的主

汉画像砖上的日神和月神

要原因之一。在艺术上会表现为具体形象的延续性与滞后性的特征。

《通典》说："王朝日者，示有所尊，训人事君也。王者父天而母地，兄日而姊月，故常以春分朝日，秋分夕月……"又说

一年之中有四类时间祭祀日月，其中有分祭也有合祭。"分"为中祭，"合"为大祭。比如《礼记》中的"郊之祭，大报天而主日，配以月"，就属于合祭。

在第一章中已经举例说明，在战国时期秦国的雍城就有独立的日和月的祠庙，而此时的秦国最重要的坛庙建筑中所祭祀的，已经是由太阳神分化出的"四方帝"了。从汉到后周之前，"朝日于夕月"已经退化成简单的形式了，分祭的地点一般限于"殿外""廷外"或"（城）门外"，不设具体的坛庙建筑。也有时在祭天时陪祭。

《隋书·志·礼仪二》载："《礼》：天子以春分朝日于东郊，秋分夕月于西郊。汉法，不俟二分于东西郊，常以郊泰畤。且出竹宫东向揖日，其夕西向揖月。魏文讥其烦亵，似家人之事，而以正月朝日于东门之外。前史又以为非时。及明帝太和元年二月丁

亥，朝日于东郊。八月己丑，夕月于西郊。始合于古。后周以春分朝日于国东门外，为坛，如其（南）郊（坛）……燔燎如圆丘。秋分夕月于国西门外，为坛于坎中，方四丈，深四尺，燔燎礼如朝日。（隋文帝）开皇初，于国东春明门外为坛，如其（南）郊（坛）。每以春分朝日。又于国西开远门外为坎，深三尺，（纵）广四丈。为坛于坎中，高一尺，（纵）广四尺。每以秋分夕月。"

唐朝的朝日夕月坛与隋朝同。

《宋史·志·礼六》载："皇佑五年，定朝日坛，旧高七尺，东西六步一尺五寸；增为八尺，广四丈，如唐《郊祀录》。夕月坛与隋、唐制度不合，从旧则坛小，如唐则坎深。今定坎深三尺，广四丈。坛高一尺，广二丈。四方为陛（台阶），降入坎深，然后升坛。坛皆两壝（wéi），壝皆二十五步。增大明（太阳）、夜明（月亮）坛山罍（古代祭器名）二……"

北京于金代始已有朝日夕月坛，《金史·志·礼一》载："朝日坛曰大明，在施仁门外之东南，当阙之卯地，门濆（fén，水池）之制皆同方丘。夕月坛曰夜明，在彰义门外之西北，当阙之酉地，掘地污（wā，同"挖"）之，为坛其中。常以冬至日合祀昊天上帝、皇地祇于圜丘，夏至日祭皇地祇于方丘，春分朝日于东郊，秋分夕月于西郊。"

《明史·志·礼一》和《清史稿·志·礼一》都对北京东西郊的朝日坛和夕月坛有详尽的描述。

在上述朝日夕月坛的各种记载中，有些数字有着非常明确的象征意义。如，夕月坛"方广四丈……，高四尺六寸……四面出陛，皆白石，各六级。"即在月坛建筑组群中，最核心的祭坛的相关数字皆为偶数。这是由于月坛所祭的是太阴神，而在先天与后天八卦系统中，偶数皆属阴。朝日坛虽不是圆形，但清朝时期很有意识地把它的边长改为五丈，以合阳数，并把壝墙改为圆形。

上面文献中所记载的月夕坛建筑群中，坛台并不是平地而起，而是建于深三尺或四尺的"坎池"中，因为月神属阴。这样看来，当时的设计者更深晓月神之精意。

坛庙建筑

TEMPLE ARCHITECTURE

## 北京日坛

北京日坛位于朝阳门外东南，始建于明嘉靖九年（1530年）。朝日坛在整个建筑群的南部，坛内壝墙西有棂星门三，其

北京日坛-北侧壝墙

北京日坛-平面图

余面有一，这是因为太阳从东方升起，人要从西方进入向东方行礼的缘故。

明朝时祭坛为白石砌成的方台，台阶九级，面砌红琉璃砖，象征太阳。坛面边长的尺寸在清朝时被加大，壝墙也改为为圆形。西门外有燎炉、池，北为

北京日坛-西棂星门

北京日坛-朝日坛

北京日坛-神库外景

北京日坛-北棂星门与神库神厨外景

北京日坛-宰牲亭

坛庙建筑

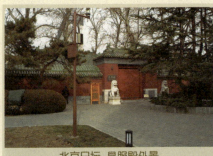

北京日坛-具服殿外景

北京日坛-具服殿内景

北京日坛-神碑

北京日坛-西天门

北京日坛钟楼基座

神库、神厨、宰牲亭、钟楼等，南为具服殿，清乾隆七年（1742年）改建于坛西北角。

　　新中国成立以前，古建大部被毁，文物被盗，外壝墙仅存西、北天门遗迹，日坛变为一片废墟。1951年北京市政府将日坛扩建为占地20余公顷的日坛公园，修建了南、北大门等，并将被拆毁的祭台修复一新。

## 北京月坛

北京月坛位于阜成门外西南，现今南礼士路西边，始建于明嘉靖九年（1530年）。祭坛是由白石砌成的一座方台，上覆白琉璃砖，象征月亮。坛外壝墙东有棂星门三，其余面各有一。墙外有神库、宰牲亭、祭器库等，钟楼设在坛北。

北京月坛-宰牲亭外景　　北京月坛-东棂星门

北京月坛-平面图

北京月坛-钟楼

在北京的天、地、日、月四坛中，月坛的建筑规模最小，但目前损坏最为严重。早在清朝末期，月坛因年久失修，开始荒废；民国时期，曾作为兵营与学校；日军占领北平期间，坛内的古树被劫伐殆尽。新中国建立后，因城市改造，月坛的光恒街牌坊被拆。"文革"期间，月坛遭受了更大的破坏，四周坛墙大部分被拆毁，祭坛被拆除。1969年，在祭坛的位置矗立起电视发射塔，并在坛南果园构建地下人防工事。坛内古建筑被多家单位封闭占用，致使月坛失去了坛庙环境与风格。1983年以后将坛南果园改建成"邀月园"景区。

坛庙建筑

北京月坛-北天门

北京月坛-东天门

月坛公园按历史形成的格局，分为南北两区。北区为古坛区，拆毁的坛墙已重新恢复，破败的钟楼、具服殿已接近修缮完毕。但中央电视台发射塔还无法在近期迁走，致使祭坛及相关的神库、宰牲亭等古建筑还不能得以恢复。

北京月坛-邀月园

《 小百科 》

《通典》：是我国第一部，也是成就最高的一部典章制度专史。全书两百卷，分为食货、选举、职官、礼乐、兵、刑、州郡、边防等八门。作者杜佑曾任唐朝节度使和宰相等职。

为坛于坎中：《说文解字》："坎，陷也。"把祭祀地神、月神等阴神的坛建于四周可灌水的池中。

墉：古代祭坛四周的矮墙，一般上覆瓦顶。

# 2.【从"南郊"到天坛、辟雍】

很多史籍中均说有虞氏冬至大祭天于圜丘，以黄帝配坐，夏正之月祭感生帝于南郊，以帝喾配坐；夏后氏冬至大祭天于圆丘，以黄帝配坐，夏正之月祭感生帝于南郊，以鲧配坐；殷人冬至大祭天于圆丘，以帝喾配坐，夏正之月祭感生帝于南郊，以冥配坐。

"祭感生帝"的意思，汉儒郑玄解释说："天之五帝迭王，王者之兴必感（感应于）其一，因别祭尊之。故夏正之月，祭其所生之帝于南郊。"

那么"天神"具体指的是什么神？郑玄说："天神谓五帝及日月星辰。"但"天"与"帝"又确实不是一个称谓，这一点朱熹说得比较明白。《宋史·志·礼三》载朱熹说："或问：郊祀后稷以配天，宗祀文王以配上帝，帝即是天，天即是帝，却分祭，何也？曰：为坛而

祭，故谓之天；祭于屋下而以神祇祭之，故谓之帝。"

《通典》说："凡大祭曰禘（dì）……大祭其先祖所由出，谓郊祭天也。王者先祖皆感太微五帝之精以生，其神名。郑玄据《春秋·纬》说，苍（青）则灵威仰，赤则赤熛（biāo，飞火）怒，黄则含枢纽，白则白招拒，黑则协光纪。皆用正岁之正月郊祭之，盖特尊焉……《公羊传》曰：'自外至者，无主不止。'故以人帝配神作主。其坛位，各于当方之郊，去国五十里内曰近郊，为兆位（四郊祭坛的处所），于中筑方坛，亦名曰太坛，而祭之。如其方坛者，以其取象当方各有方所之义。按昊天上帝，天之总名，所覆广大，无不圆匝，故奠苍璧，其神位曰圆丘，皆象天之圆匝也。余五帝则各象其方气之德，为珪璋琥璜之形。祭法谓其神位以太坛，是人

力所为，非自然之物。以其各有方位，故名方坛。"

参照以上文字与《礼记·月令》相对照，西周天子便有分时段分方位分别"郊迎"五帝即"五气"的习俗，其意义为"以示人奉承天道，从时训人之义"。具体时令为春分（木德）、夏至（火德）、秋分（金德）、冬至（水德）和"季夏"（土德），故"太坛"也叫"方坛"。《通典》中还提到了天神体系有一个主宰的、抽象"昊天上帝"至上神，这就是以北极星为代表的天神——天枢。

西周是一个庞大的封建国家，其中容纳了许多不同的部族。这些不同的部族内原有不同的信仰，即各有各的祖先，各有各的上帝。在统一于一个封建国家之内后，如何来安插这些不同的上帝，如何来改革宗教上的观念以适应新的环境，是颇费斟酌的。比如五帝和上帝的关系如何？他们是否也是上帝？究竟有几个上帝，是一，是五，还是六，就曾经引起郑玄和王肃的激辩。只是永远也辩论不出结果来，因为这不过是宗派理念之争

罢了。以至于《通典》说："郊丘之说，互有不同，历代诸儒，各执所见。虽则争论纷起，大凡不出二涂（途）：宗王子雍者，以为天体唯一，安得有六？圜丘之与郊祀，实名异而体同。所云帝者，兆五人帝于四郊，岂得称之天帝！一岁凡二祭也。宗郑康成者，则以天有六名，岁凡九祭。盖以祭位有圆丘、太坛之异……"

可能就是从西周开始，把最重要的祭祀自然神的场所称为"畤"（zhì），它的主体建筑形式为祭坛。这种祭坛的形式应该就来源于我们在考古中发现的史前时期的圆坛。王安石的《和王微之〈登高斋〉》就有"白草废畤空坛垓"的诗句。

秦襄公护送周平王东迁有功，被封为诸侯，平王赐以岐西之地，《史记·封禅书》说："秦襄公既侯，居西垂，自以为主少暤之神，作西畤，祠白帝。"自襄公于八年（前778年）在岐西天水设立西畤，畤祭这一祭祀活动开始在秦地兴盛起来。随后陆续有秦文公、秦宣公、秦灵公、秦献公等的畤祭活动：秦

文公在岐州郿县建鄜畤，祠白帝；秦宣公在渭南建密畤，祠青帝；秦灵公在岐州雍县建吴阳上畤，祠黄帝，建吴阳下畤，祠炎帝；秦献公在栎阳建畦畤，祠白帝。《封禅书》还载："自未作鄜畤也，而雍旁故有吴阳武畤，雍东有好畤，皆废无祠。"如此看来，吴阳武畤和好畤是设立在秦文公鄜畤之前的畤祭，这就使得秦国畤的数量至少增至八个。

秦始皇即位后，非常关心帝祚永固和生命的长久，为了前者，他积极进行在泰山的封禅活动，顺便礼祀原齐国境内的"八神"祠；为了后者，他东游海上，并狂热地派人出海求仙。而畤祀的繁琐礼仪远不如出海求仙等活动来得有吸引力，也就再没有建立新的畤。

汉高祖二年（前205年），刘邦与项羽鏖战正酣，东击项籍返还入关，问部下："故秦时上帝祠何帝也？"属下回答："四帝，有白、青、黄、赤帝之祠。"刘邦又问道："吾闻天有五帝，而有四，何也？"属下无所答，便自言自语地说："吾知之矣，乃待我而具五也。"于是

立即命人建立北畤，祠黑帝。此后刘邦悉数召回了秦王朝原先的祠官，让他们官复原职，负责各自的宗教事务，并设置了太祝、太宰二职。他下诏宣称："吾甚重祠而敬祭，今上帝之祭及山川诸神当祠者，各以其时礼祠之如故。"

西汉王朝有意识地进行宗教典礼的建设实始于文帝。汉文帝于前元十三年（前167年）下诏命令进一步强化宗教典礼，以强化皇帝在政治信仰中的地位：他把国家的经济、政治状况与皇帝个人的德行直接联系起来，并且强调在祭祀活动中"归福于朕，百姓不予"，只有皇帝一人才有资格担当神人之际的中间人角色。

前元十六年（前164年），有一个叫新垣平的人自称善于望气，他觐见文帝说长安东北方有神气，呈现五彩颜色。东北方是神灵的居处，西方（暗指雍五畤）是神灵的坟墓。上天已经显灵，应该在东北方立庙祭上帝。文帝全盘采纳，"作渭阳五帝庙，同宇，帝一殿，面各五门，各如其帝色。"这年夏四月，文帝放弃了雍五畤，"亲拜霸渭之

坛庙建筑

会，以郊见渭阳五帝。"文帝经过长门的时候，朦胧之中看见好像有五个人立于路北，马上又命人在那里建五帝坛，供奉祭品。后来，有人告发新垣平所作所为都是欺诈，并不可信，新垣平被诛。此事对文帝的心理打击很大，"自是之后，文帝怠于改正朔服色神明之事，而渭阳、长门五帝使祠官领，以时致礼，不往焉。"

《汉书·郊祀志》记载，武帝元光二年（前133年）冬十月，汉武帝"初至雍，郊见五畤"。这发生在汉武帝重用儒者的次年，无疑是儒家文化大背景下的产物。亳人谬忌上疏武帝，称："天神贵者泰一，泰一佐曰五帝。古者天子以春秋祭泰一东南郊，日一太牢（用牛作祭品），七日，为坛开八通之鬼道。"武帝并未质疑，"令太祝立其祠长安城东南郊，常奉祠如忌方。"

随后马上又有人效仿谬忌献策道："古者天子三年一用太牢祠三一：天一，地一，泰一。"武帝随即接受，对长安东南的泰一坛进行改造，在泰一坛前面又排上了天一和地一坛。此后效法

者不断，诸神杂祠也日益纷繁。但是，从《汉书》的《武帝纪》和《郊祀志》的记载看，汉武帝并没有在长安东南采用郊祀礼仪，而是沿用着传统的在雍郊祀的制度。元朔四年（前125年）、元狩元年（前122年）、元狩二年、元鼎四年（前113年）、元鼎五年，汉武帝分别于冬十月"行幸雍，祠五畤"。

当元鼎四年武帝郊祀五畤的时候，他又提出了仅仅郊祀上天不够，还应该祭地神。这就发生了将在后面章节详细讲解的立"汾阴后土祠"之事。

西汉中前期，雍郊五畤沿用的是秦王朝制度。汉朝已然是大一统国家，皇帝成为现实秩序的主宰者和统治者。虽然董仲舒也创造出了至高无上的"天"，但表现在祭祀制度中却是"五畤"中的"五帝"，五帝之间缺乏明确的等级秩序，这与信仰状况显然不相适应。早年谬忌虽然提出了在长安城东南郊立坛祠祀至上神泰一的建议，但鉴于文帝时期新垣平事件的教训，武帝并未认真采纳执行。随着雍郊五畤的制度化，这一问题再次凸显出来。

元鼎五年（前112年）十月，武帝按惯例到雍郊祀五帝，然后到陇西，翻过空桐山，来到甘泉。此时，他已经考虑成熟，命令祠官在甘泉修建泰一祠坛，这就是著名的"甘泉泰畤"。《汉书·郊祀志》说："祠坛放（仿）亳忌泰一坛，三陔（重），五帝坛环居其下，各如其方，黄帝西南。除八通鬼道……其下四方地，为腏，食群神从者及北斗云……祭日以牛，祭月以羊彘特。泰一祝宰则衣紫及绣，五帝各如其色，日赤月白。"

在整个坛台中布置的神灵有至上神泰一，二等神五帝，三等群神，北斗、日、月皆于其中，诸神井然有序。

从理论上说，甘泉泰一坛的郊祀是合祭，五帝已经包容在其中，不应再单独祭祀五帝。但实际情况却不尽然，武帝偶尔也祭祠雍五帝，如元封二年、元封四年、太始四年。

武帝死后，昭帝时期郊礼活动一度中断，宣帝即位的第二年又恢复了这一制度。元帝即位后，"遵旧仪，间岁正月一幸甘泉郊泰畤，又东至河东祠后土，西至雍祠五畤。凡五奉泰畤、后土之祠。"

从汉成帝开始，汉代的郊祀制度进入了一个新的改制调整期，这场改制运动由丞相匡衡和御史大夫张谭共同发起。其结果是汉成帝建始元年（前32年）十二月，"作长安南北郊，罢甘泉（泰畤）、汾阴（后土）祠。"有趣的是，这样改革的结果，与我们考古发现中史前的祭祀场地颇为相似，只是圆坛与方坛不是在一个场地内南北排列，而是分别放在了长安城的南北郊。匡衡意犹未尽，他又进一步提出祭祀天地应该弃繁从简，去伪从质。

随后，匡衡又提议放弃雍五畤之祀，成帝全盘采纳。建始二年（前31年）正月辛巳，汉成帝在长安南郊祀天；三月辛丑，又到北郊祠后土，由此开始实施在长安郊区祀天地的制度。

但第二年，丞相匡衡因当初阿谀宦官石显以及儿子匡昌醉酒杀人而免官，政治形式连带祭祀形式的纷争发生逆转。成帝无子嗣及天灾又使人产生了联想，

坛庙建筑

皇太后也出来干预，导致最后"复（祭祀）甘泉泰畤、汾阴后土如故，及雍五畤、陈宝祠在陈仓者。"

几年后成帝驾崩，新的皇太后遂下诏说，皇帝即位后本来遵从古制，改革了祀礼，只因未有皇嗣，不得已才恢复了甘泉、汾阴之祀。现在应该实施在长安南北郊祭天地的制度，以遂皇帝心愿。哀帝即位后，体弱多病，像当年成帝一样无嗣，他又把多病与南北郊祀联系起来。于是，汉王朝故伎重演，再次由太皇太后下诏恢复甘泉、汾阴郊祀的制度。

平帝元始五年（公元5年），王莽也发动了宗教改革。在朝廷上，他首先回顾了汉家郊祀制度沿革的历史，重新肯定了当初匡衡的改制，但又认为在南郊祭天、北郊祭地于情不合，应该把天地合并起来集中祭祀，"天地合祭，先祖配天，先妣配地，其谊一也。天地合精，夫妇判合。祭天南郊，则以地配，一体之谊也。"但仅仅有合还不行，还应该有分，天地还应该分别祭祀，"天地有常位，不得常合，此其

各特祀者也。阴阳之别于日冬、夏至；其会也，以孟春正月上辛若丁，天子亲合祀天地于南郊，以高帝、高后配……以日冬至使有司奉祠南郊，高帝配而望群阳；日夏至使有司奉祭北郊，高后配而望群阳。"

此外，王莽还为其他诸神排列了次序，设置了神坛。《汉书·郊祀志》记述了他的上疏："谨与太师光、大司徒宫、羲和歆等八十九人议，皆曰：'天子父事天，母事地。今称天神曰皇天上帝，泰一兆曰泰畤；而称地祇曰后土，与中央黄灵同，又兆北郊未有尊称，宜令地祇称皇地后祇，兆曰广畤……分群神以类相从为五部，兆天地之别神：中央帝黄灵后土畤及日庙、北辰、北斗、填星，中宿中宫于长安城之未地兆；东方帝太昊青灵勾芒畤及雷公、风伯庙、岁星，东宿东宫于东郊兆；南方炎帝赤灵祝融畤及荧惑星，南宿南宫于南郊兆；西方帝少皞白灵蓐收畤及太白星，西宿西宫于西郊兆；北方帝颛顼黑灵玄冥畤及月庙、雨师庙、辰星，北宿北宫于北郊兆。"王莽是从名分上把"地祇

TEMPLE ARCHITECTURE

后土"提高为"皇地后祇",并在长安郊区设立"五方坛"。

刘秀创立东汉王朝的第二年(26年),在洛阳城南七里处建筑郊兆。《后汉书·郊祀志》记载的具体形制为:"圆坛八陛,中又为重坛,天地位其上,皆南向,西上。其外坛上为五帝位……其外为墙,重营皆紫,以像紫宫,有四通道以为门。日月在中营内南道,日在东,月在西,北斗在北道之西,皆别位,不在群神列中。八陛,陛五十八醊(zhuì,连续摆放祭祀的神位),合四百六十四醊。五帝陛郭,帝七十二醊,合三百六十醊。中营四门,门五十四神,合二百一十六神。外营四门,门百八神,合四百三十二神,皆背营内乡(向)。中营四门,门封神四,外营四门,门封神四,合三十二神。凡千五百一十四神。营即墙也。封,封土筑也。背中营神,五星也,及中官宿五官神及五岳之属也。背外营神,二十八宿外官星、雷公、先农、风伯、雨师、四海、四渎、名山、大川之属也。"

从上则记载来看,东汉时祭天神坛的形式为两层坛,八个方位有台阶;坛外为两重紫色墙墙,皆四面设门。每个门内还有封土筑成的小坛,但具体位置不详。另外是不再设"五方坛"。

东汉明帝即位后,在永平二年(59年)又改为以月令于"五郊"祭天,即可能重新设置了"五方坛"。

从西汉时期开始,又实际存在另外一种祭天功能的坛庙类建筑——明堂。从两汉的祭祀情况来看,在明堂祭祀天神具有一定的偶然性,可以认为是郊祀的补充。

有关明堂功能的提法很多,最早出现在春秋战国成书的《逸周书》和《左传》中。《逸周书·大匡解》说:"勇如害上,则不登于明堂。"《逸周书·程寤》说:"文王乃召太子发,占之于明堂。王及太子发并拜吉梦,受商之大命于皇天上帝。"现多数学者认为,《逸周书》在一定程度上反映了西周社会的情形,但从文辞风格看,与作为实录的《尚书》中的"周诰"截然不同,其成书应在春秋时期。此后,孟子和荀子也分别谈到了明堂。

坛庙建筑

对明堂制度作出详细描述的是《周礼》《礼记》等几部礼书。对《周礼》等礼书的性质，传统经学的观点认为是周公制礼的写照，或者说是先王遗制。现代的研究表明，《周礼》中虽然残留着周代官制遗迹，但它的总体框架结构却是与战国晚期社会状况相近。《礼记》是战国至秦汉年间儒家学者解释经书《仪礼》的文章选集，是一部儒家思想的资料汇编。其中多数篇章可能是孔子的七十二名关门弟子及其学生们的作品，还兼收先秦的其他典籍，由西汉礼学家戴德和他的侄子戴圣编定。戴德选编的八十五篇本叫《大戴礼记》，在后来的流传过程中若断若续，到唐代只剩下了三十九篇。戴圣选编的四十九篇本叫《小戴礼记》，即我们今天见到的《礼记》。东汉末年，著名学者郑玄为《小戴礼记》作了出色的注解。

如果总结《周礼·考工记·匠人》《礼记》等文献的记载，明堂有如下功能：有"庙门""闱门""路门""应门"，"内有九室，九嫔居之；外有九室，九卿朝焉。"这样，明堂就成了由太庙、寝、朝构成的"综合宫殿区"；是制礼作乐、颁度量、明诸侯之尊卑、教诸侯之孝的宣教场所。《大戴礼·明堂》对明堂的形制作了细致的描述："明堂者……凡九室，一室而有四户八牖，三十六户，七十二牖，以茅盖屋，上圆下方。明堂者，所以明诸侯尊卑。外水曰辟雍……堂高三尺，东西九筵，南北七筵，上圆下方。九室十二堂，室四户，户二牖，其宫方三百步。在近郊，近郊三十里。或以为明堂者，文王之庙也。"上述这些数字都是为合"天数"。总而言之，越是晚期的礼书，明堂制度理论愈严密，但这理论和具体的数字无法考证，只能泛泛地说是"先王之制"。

东汉晚期的蔡邕曾作《明堂论》，引经据典，综合归纳为："明堂者，天子太庙，所以崇礼其祖，以配上帝者也。夏后氏曰世室，殷人曰重屋，周人曰明堂……朝诸侯选造士于其中，以明制度……取其宗祀之清貌，则曰清庙；取其正室之貌，则曰太庙；取其尊崇，则曰太室；取其向明，则曰明堂；取其四门之学，则曰太学；取其四面周水圆如璧，则曰辟雍。异名而同事，其实一也。"这一结论是此前诸说的大综合，把清庙、太庙、太室、明堂、太学、辟雍等同起来，但可以肯定汉代的辟雍与明堂不是一回事。《后汉书·郊祀志》记建武中元元年"初营北郊、明堂、辟雍、灵台（观星台）"，清楚地说明明堂与辟雍不是一种建筑。

对于汉初的政治家和理论家们来说，明堂是何种构造，祭祀哪些神灵，这些自然不是很清楚。因为当时已经很难找到明堂的实迹，人们只能是借助文献中的只言片语和传说作出想象和描述。汉武帝初年，大儒申培公的弟子赵绾和王臧向皇帝提议，"欲立古明堂以朝诸侯"。但当时太皇太后窦氏干政，她热衷黄老，不喜儒术，赵绾和王臧因此获罪而自杀，明堂之议遂止。窦太后去世之后汉武帝才大胆地"独尊儒术"，元封元年到泰山搞了规模盛大的封禅活动。在这次封禅过程中，他途经泰山东北

方的奉高时，据说看到这里有一处古代的明堂遗址。他想在这地方模仿古制予以重建，但又不知道明堂是何等形状。

有一个叫公玉带的济南人闻此消息，立即献上一幅据说是黄帝时期的明堂图。在这幅图中明堂的形制是：中间是一座大殿重阁，没有四壁，以茅草为屋顶，有流水环绕四周。汉武帝看完图立即命人在汶上按照此图样仿造，并在明堂的上座安置泰一、五帝神位，高祖的神位安置在对面。准备完毕，汉武帝"始拜明堂如郊礼，礼毕，燎堂下。"（《史记·封禅书》）两年之后，十一月甲子朔旦冬至，汉武帝又亲自到泰山下"祠上帝明堂"。从上述情形看，汉武帝是把明堂作为郊祀的对等活动来实施的，祭祀的主要对象是泰一神。

汉平帝元始四年（公元4年），在王莽的力主之下，在汉长安的南郊也建立了明堂，其样式为古文经学大师刘歆设计。此明堂周围环水，符合《礼记》等文献与泰山明堂形制（同时也符合辟雍的含义）。圆形沟渠内是

坛庙建筑

汉代长安南郊礼制建筑复原鸟瞰图-1

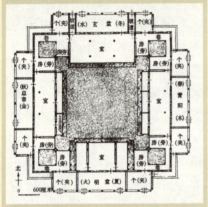

汉代长安南郊礼制建筑复原一层平面图

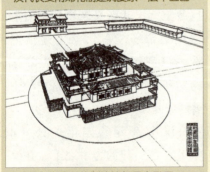

汉代长安南郊礼制建筑复原鸟瞰图-2

一个以围墙封闭的方形院子，四角有曲尺形配房。方院正中为圆形土台，土台正中即为折角的方形明堂主体建筑。

东汉光武帝建武三十二年（56年），在都城洛阳立了一处明堂，至于明堂坐落的地点和形制，均未见说明。明堂建好后，光武帝未来得及行祭祀便去世。明帝即位后，于永平二年（59年）正月辛未，"初祀五帝于明堂，光武帝配。五帝坐位堂上，各处其方，黄帝在未，皆如南郊之位。光武帝位在青帝之南少退，西面。牲各一犊，奏乐如南郊。"（《后汉书·祭祀志·中》）由上述记载看，东汉洛阳明堂的情形与西汉的已有所不同：一是西汉明堂以泰一神为主，而东汉洛阳明堂以五帝为主，不见泰一；另一特点是西汉明堂以高祖配祀，而东汉明堂以光武帝配。

三国时期，曹魏于繁阳故城、洛阳南委粟山，刘蜀于成都武担山南都设立过圆坛祭天。孙吴于武昌南郊祭天，未见建坛记载。

从西晋到南北朝期间，南郊祭天之制的变化基本上是依汉室的制度，但也多有反复的变化与修正。

在这一历史阶段内，梁武

帝成为了总结礼仪制度的关键性人物，《隋书·志·礼仪》载："梁武始命群儒，裁成大典……帝又命沈约、周舍、徐勉、何佟之等，咸在参详。"

祭坛的具体形式为："梁南郊，为圆坛，在国之南。高二丈七尺，上径十一丈，下径十八丈。其外再墠，四门……"《隋书·志·礼仪》中同时也记载了从梁以来的"五郊之制"的变化。

在这一时期，间或有过明堂的建设，只是明堂的建筑形制有时不是很在意泥古。

到了隋朝，祭天圆丘的形式又有变化，《隋书·志·礼仪一》记载："为圆丘于国之南，太阳门外道东二里。其丘四成（层），各高八尺一寸。下成（层）广二十丈，再成（层）广十五丈，又三成（层）广十丈，四成（层）广五丈……"四层的坛制是为了方便容纳众多的神位，为五方帝、日月和重星辰。

五郊坛制为："青（东）郊为坛，国东春明门外道北，去宫八里，高八尺。赤（南）郊为坛，国南明德门外道西，去宫十三里，高七尺。黄郊为坛，国

南安化门外道西，去宫十二里，高七尺。白（西）郊为坛，国西开远门外道南，去宫八里，高九尺。黑（北）郊为坛，宫北十一里丑地，高六尺，并广四丈。"

隋朝出现了一个大建筑家宇文恺，他主持规划并建造过隋大邺城（唐长安城的前身）、东都洛阳城，建筑造诣颇深。在拟建造明堂这类复杂建筑中，他不像前几朝那么随意，而是充分发挥了他在设计方面的才能，使得明堂的样式更加"规范"。但可惜的是，当时营建东都更为重要，明堂的拟建突然作罢了。

在《隋书·志·礼仪》中还提到了在"雩（yú）坛"上祭祀五方帝。早在《春秋左氏传》上就记载说："龙见而雩。"说明雩礼至晚在春秋时就有。何休注《春秋公羊传》说："旱则君亲之南郊，以六事谢过自责：政不善欤？人失职欤？宫室崇欤（yú）？妇谒盛欤？苞苴行欤？谗夫昌欤？使童男童女各八人而呼雩也。"这说明雩礼实为祈雨，干旱为上帝对人间的"天责"。

《山海经·大荒东经》说：

"大荒东北隅中有山，名凶犁土丘，应龙处南极，杀蚩尤与夸父，不得复上，故下数旱，旱而为应龙之状，乃得大雨。"

祈雨属于"阴"的性质，所以天责中很重要的原因包括"下界"的阴阳不和，也就引出了皇帝自责"妇谒盛欤？苞苴行欤？"《隋书·志·礼仪二》载："《春秋》'龙见而雩'，梁制不为恒祀。四月干旱不雨，则祈雨，行七事，一、理冤狱及失职者；二、赈鳏寡孤独；三、省徭轻赋；四、举进贤良；五、黜退贪邪；六、命会男女，恤怨旷；七、彻膳羞，弛乐悬而不作。"七事中的"命会男女，恤怨旷"，也是为了阴阳相合。

关于雩坛的形制，《隋书·志·礼仪二》载："（梁）大雩礼，立圆坛于南郊之左（东），高及轮广（直径长）四丈，周十二丈，四陛……祈五天帝及五人帝于其上，各依其方，以太祖配，位于青帝之南，五官配食于下……（后齐）为圆坛，广四十五尺，高九尺，四面各一陛。为三壝外营，相去深浅，并燎坛，一如南郊……隋雩坛，国

南十三里启夏门外道左（东）。高一丈，周百二十尺。孟夏之月，龙星见，则雩五方上帝，配以五人帝于上，以太祖武元帝配飨，五官从配于下。"

唐朝享国289年，祭天之礼与相关的坛庙建筑更为完备。《旧唐书·志·礼仪一》载："武德初，定令：每岁冬至，祀昊天上帝于圜丘，以景帝配。其坛在京城明德门外道东二里。坛制四成（层），各高八尺一寸，下成（层）广二十丈，再成（层）广十五丈，三成（层）广十丈，四成（层）广五丈……"有内外两层壝墙。

另外，孟春辛日，祈谷，祀感帝于圜丘；孟夏之月，雩祀昊天上帝于圜丘，五方上帝、五人帝、五官并从祀；除大享之外，还要分时、分地单独郊祀五方帝，并以五人帝、五官及星辰等从祀。

唐太宗平定天下，就命儒官议明堂之制。依据《旧唐书·志·礼仪二》的记载，归纳起来有四种意见：

其一是大多数儒官的观点，既严格复制汉儒所描述的明堂的

形制，但也有争论，焦点主要为明堂中间是"五室"（郑玄说）还是"九室"（蔡邕说）；其二是唐最著名的天学、经学大师，太子中允孔颖达所代表的观点，他基本上否定了前儒对明堂义理与形式等方面复杂的定义，主张从简；其三是以侍中魏徵的观点，他对明堂的形制基本上采取的是一种折中的态度，但倾向于五室形式；其四是以秘书监颜师古的观点，他也认为前儒对明堂的种种描述"众说舛（chuǎn）驳，互执所见，巨儒硕学，莫有详通。斐然成章，不知裁断。"因此不如另行创造，"但以学者专固，人人异言，损益不同，是非莫定。臣愚以为五帝之后，两汉以前，高下方圆，皆不相袭。惟在陛下圣情创造，即为大唐明堂，足以传于万代，何必论户牖之多少，疑阶庭之广狭？"

这样的争论一直到了高宗时期仍没有定论，但高宗后来倾向于"九室"，并让"所司"设计了颇为复杂的"九室"样图，只是终没建造出来。

武后主政，明堂的建设可谓大刀阔斧，"则天临朝，儒者屡上言请创明堂。则天以高宗遗意，乃与北门学士议其制，不听群言。垂拱三年春，毁东都之干（乾）元殿，就其地创之……"

根据《旧唐书·志·礼仪二》中的记载推测，武则天建造的明堂平面为正方形，十字轴线对称，每面十一间，正中为七间的"布政之居"，四隅为各两间为实心的假室。中心室的正中为一通高至宝顶的堂心柱，其周围有八根柱子贯通三层。柱间有复杂的构建连接，形成一个中心刚架。二层为中空的八角形，为底层采光。三层为圆形。

底层四面象征四时，分别饰以青、赤、白、黑四方色。二层八边形中，四正面每面三门（窗），共十二以象征十二辰。三层圆形分八开间，每开间三门（窗），共二十四以象征二十四节气。立面一层为重檐，二层亦为重檐，但下檐为八边形，上檐为圆形，即为"圆盖"。屋顶围脊以下饰九龙。三层为重檐攒尖圆顶，宝顶先为宝凤。因为圆顶瓦皆为异形难以烧制，故"刻木为瓦，夹纻漆之"。底层中心柱与四隅加固墩之间用铁铸造成一

坛庙建筑

TEMPLE ARCHITECTURE

唐武则天明堂复原图

环形沟，即为"明堂之下施铁渠，以为辟雍之象"。

但这个不合旧制的明堂命运多舛，于证圣元年（695年）被大火焚毁，后依原样重建。玄宗继位后，很多大臣都乘机贬损"武氏明堂"有乖典制，而玄宗也正好可借此话题彻底消除武氏之影响。开元二十五年玄宗在西京长安时，诏将作大匠康𤏘（qián）素前往东都洛阳去拆毁"武氏明堂"。康𤏘素以毁拆劳人为由，奏请只行拆改，"卑于旧制九十五尺。又去柱心木，平座上置八角楼，楼上有八龙，腾身捧火珠。又小于旧制，周围五尺，

覆以真瓦，取其永逸。依旧为干（乾）元殿。"即去掉了堂心柱，上层圆顶改为八角顶，屋檐也缩进五尺，每脊饰一金龙，宝顶改为火珠，特别是屋顶"覆以真瓦，取其永逸。"

《宋史·志·礼一》说："五代之衰乱甚矣，其礼文仪注往往多草创，不能备一代之典。"宋朝国家级的祭祀内容有："岁之大祀三十：正月上辛祈谷，孟夏雩祀，季秋大享明堂，冬至圜丘祭昊天上帝，正月上辛又祀感生帝，四立及土王日祀五方帝……"

关于南郊坛制："宋初

始作坛于东都南熏门外，四成（层）、十二陛、三壝……"

距宋开国已有153年的徽宗政和三年（1113年），徽宗诏有司讨论坛壝之制，礼制局言："古所谓地上圜丘、泽中方丘，皆因地形之自然。王者建国，或无自然之丘，则于郊泽吉土以兆坛位。为坛之制，当用阳数，今定为坛三成（层），一成用九九之数，广八十一丈，再成（层）用六九之数，广五十四丈，三成（层）用三九之数，广二十七丈。每成（层）高二十七尺，三成（层）总二百七十有六，《干（乾）》之策也。为三壝，壝三十六步，亦《干（乾）》之策也。成（层）与壝地（天）之数也。"

这可能是在历史上第一次把祭天圆坛的形制完整地附会为与"天数"相吻的"数术"意义。按《周礼》形制，祭天之坛壝应三层，但后代在操作之时多增为四层以及二、三、四壝，或以"青绳"暂时代替壝墙，"以广天文从祀之位"。仅仅在14年后（靖康二年），徽宗与钦宗一同被金兵俘虏，后被押往北国囚禁，死于五国城，大宋政权也被金人逼到了长江以南。

北宋又以两分两至及土王日（季夏）祀五方帝，以五人帝配，五官、三辰、七宿从祀。各建坛于城门之外：青帝之坛，高七尺，方六步四尺；赤帝之坛，高六尺，东西六步三尺，南北六

坛庙建筑

北京天坛–圜丘坛

步二尺；黄帝之坛，高四尺，方七步；白帝之坛，高七尺，方七步；黑帝之坛，高五尺，方三步七尺。五方帝之坛皆为方坛。祈谷、雩祀皆于圆丘或别立坛。

政和五年（1115年），徽宗下诏说："明堂之制，朕取《考工》互见之文，得其制作之本。夏后氏曰世室，堂修二七，广四修一，五室三四步四三尺，九阶，四旁两夹窗。考夏后氏之制，名曰世室，又曰堂者，则世室非庙堂。修二七，广四修一，则度以六尺之步，其堂修十四步，广十七步之半。又曰五室三四步四三尺者，四步益四尺，中央土室也，三步益三尺，木、火、金、水四室也。每室四户，户两夹窗，此夏制也。商人重屋，堂修七寻，崇三尺，四阿重屋，而又曰堂者，非寝也。度以八尺之寻，其堂修七寻。又曰四阿重屋，阿者屋之曲也，重者屋之复也，则商人有四隅之阿，四柱复屋，则知下方也。周人明堂度以九尺之筵。三代之制不相袭，夏曰世室，商曰重屋，周曰明堂，则知皆室也。东西九筵，南北七筵，堂崇一筵，五室，凡室二筵者，九筵则东西长，七筵则南北狭，所以象天，则知上圜也。名不相袭，其制则一，唯步、寻、筵广狭不同而已。朕益世室之度，兼四阿重屋之制，度以九尺之筵，上圜象天，下方法地，四户以合四序，八窗以应八节，五室以象五行，十二堂以听十二朔。九阶、四阿，每室四户，夹以八窗。享帝严父，听朔布政于一堂之上，于古皆合，其制大备。宜令明堂使司遵图建立。"

于是内出图式，宣示于崇政殿，徽宗命蔡京为明堂使，开局兴工，日役万人。

但蔡京嫌"内出图式"的设计尺寸偏小，建议增改，以方便祭祀时使用。蔡京督造的明堂为内外两层的单层建筑，内层正中为"太室"，四角呈顶角布置为金、木、水、火"四室"；外层四边为"明堂""玄堂""青阳""总章"四太庙与左右"个"，四角为实心的"四阿"。内外两层建筑间应该分出四个天井。

蔡京又建议："明堂五门，诸廊结瓦，古无制度，汉、唐或

盖以茅，或盖以瓦，或以木为瓦，以夹纻（zhù，粗麻织成的粗布）漆之。今酌古之制，适今之宜，盖以素瓦，而用琉璃缘里及顶盖鸱尾缀饰，上施铜云龙。其地则随所向甃以五色之石。栏楯柱端以铜为文鹿或辟邪象。明堂设饰，杂以五色，而各以其方所尚之色。八窗、八柱则以青、黄、绿相间。堂室柱门栏楯，并涂以朱。堂阶为三级，级崇三尺，共为一筵。庭树松、梓、桧，门不设戟，殿角皆垂铃。"

《金史·志·礼一》说："金人之入汴也，时宋承平日久，典章礼乐粲然备具。金人既悉收其图籍，载其车辂、法物、仪仗而北，时方事军旅，未遑讲也。"金人的祭祀比较简单："南郊坛，在丰宜门外，当阙之巳地。圆坛三成（层），成十二陛，各按辰位。渍墙三匝，四面各三门。斋宫东北，厨库在南。坛、渍皆以赤土圬（wū，抹）之。"

据《元史·志·祭祀一》载，元大都的天坛在丽正门外丙位，占地面积三百八亩有余。坛三层，每层高八尺一寸，上层边长五丈，中层十丈，下层十五丈。东西南北四陛，每陛有十二级台阶。外设二壝。内壝距坛二十五步，外壝距内壝五十四步。内外壝各高五尺，壝四面各有三座门，均涂以红色。在祭祀的牌位多时，以青绳围圈代替一层坛面。以足四层之制。燎坛在外壝内丙巳之位，高一丈二尺，边长一丈，周围亦护以壝，东西南三出陛，开上南出户，上方六尺，深可容柴。香殿三间，在外壝南门之外偏西位置，南向。馔幕殿五间，在外壝南门之外偏东位置，南向。省馔殿一间，在外壝东门之外偏北位置，南向。

外壝之东南为别院。内神厨五间，南向；祠祭局三间，北向；酒库三间，西向。献官斋房二十间，在神厨南垣之外，西向。外壝南门之外，为中神门五间，诸执事斋房六十间在其两翼，皆北向。两翼端皆有垣，接东西周垣，各为门，以便出入。齐班厅五间，在献官斋房之前，西向。仪鸾局三间，法物库三间，都监库五间，在外垣内之西北隅，皆西向。雅乐库十间，在外垣西门之内，少南，东向。演

乐堂七间，在外垣内之西南隅，东向。献官厨三间，在外垣内之东南隅，西向。涤养牺牲所，在外垣南门之外，少东，西向。内牺牲房三间，南向。

辽、金、元这三个朝代都无明堂之制。

明初都于金陵，时间虽不长，但祭天制度与坛庙建筑的建设却非常完备。后这些坛庙建筑随着首都的迁移，复建在了北京。

现北京所遗的天坛建筑群是明清两代共同经营的结果，特别是又重新拾起了明堂的内容。另外，清乾隆皇帝还在国子监内建了一个缩小版的并只具另一层象征意义的建筑——辟雍。

在汉或以前的文献中，或说明堂与辟雍实为一种建筑，或说实为两种建筑，或干脆说明堂环水就是辟雍。《周礼·春官》谓大学名"成均"。《礼记》又有"辟雍""上庠""东序"（亦名东郊）"瞽（gǔ）宗"与"成均"为五学，均为大学。《麦尊》铭文："在辟雍，王乘于舟为大丰。王射击大龚禽，侯乘于赤旗舟从。"《礼记·王制》："大学在郊，天子曰辟雍，诸侯曰泮宫。"汉班固《白虎通·辟雍》："辟者，璧也。象璧圆又以法天，于雍水侧，象教化流行也。"《五经通义》："天子立辟雍者何？所以行礼乐，宣教化，教导天下之人，使为士君子，养三老，事五更，与诸侯行礼之处也。"

《麦尊》《周礼·春官》《礼记》有关辟雍的解释还比较直接，《白虎通·辟雍》的解释就有些形式主义了。辟雍可能是古代的一种学宫，即男性贵族子弟在这里学习作为一个贵族所需要的各种技艺，如礼仪、音乐、舞蹈、诵诗、写作、射箭、骑马、驾车等，在课程中还有性教育。这可能来源于上古时期的两性禁忌制度。"环水"实际上就是对学宫封闭的需要。从《白虎通·辟雍》《大戴礼·保傅》《礼记·内侧》的相关文字记载来看，贵族子弟从8岁或10岁开始就要寄宿于城内的"小学"，至15岁时进入郊外的"辟雍"，换言之，他们从8岁或10岁"出就外傅"至20岁行冠礼表示成年，之间就是要离家在外过集体生活了。

但在确切的文献记载中，只在西汉以后历代才有辟雍，除北宋末年作为太学之预备学校外，多为祭祀用。可以认为辟雍如明堂一样，在历史上的某一段阶曾消失过，或最初的功能已被取代，或习俗已殊。在汉朝开始恢复建造的辟雍，也如明堂一样，已经完全概念化、形式化了。

北京国子监里的辟雍

在明朝，孟夏大雩也为大祀，嘉靖九年（1530年），建崇雩坛于圜丘坛外泰元门之东，为制一层，岁旱则祷，奉太祖配。

在清朝，孟夏大雩也为大祀，祭祀的地点为圜丘。

## 北京天坛

天坛位于北京城南端，其东西长1700米，南北宽1600米，总面积为273万平方米，相当于紫禁城的四倍。

现天坛的格局基本保留了明嘉靖三十二年（1553年）的格局，围墙分内外两层，呈"回"字形。北围墙为弧圆形，南围墙与东西墙成直角相交，为方形。这种南方北圆，通称"天地墙"。外围墙东、南、北三面均没有门，只有西边修了两座大门——圜丘坛门和祈谷坛门。在内层围墙内位置偏东的南北主轴线上，南为圜丘坛，北为祈谷坛，两坛中间还有皇穹宇。又有一道东西横墙，在主轴线附近以弧形绕过皇穹宇后，把北面的祈

北京天坛–平面图

坛庙建筑

北京天坛-东西向横墙

北京天坛-北内围墙外侧

年），坐北朝南，外有两重壝墙，外方内圆，象征"天圆地方"，上饰紫色琉璃瓦，内外壝墙的东、南、西、北方位上都有三联的棂星门。

圜丘坛台面墁嵌九重石板，象征九重天。中心是一块呈圆形的大理石板，称作天心石，也叫太极石。从中心向外围以扇形石：上坛共有九环，每环扇形石的数目都是"九"的倍数，一环的扇面石是9块、二环18块、三环27块……九环81块取名九九；中层坛从第十环开始，即90块扇面石，直至十八环；下层坛从十九环开始，直至第二十七环。三层坛共有378个"九"，合计用扇面石3402块。

谷坛与南边的皇穹宇和圜丘坛分为了南北两部分。横墙上有两座门，整个内层围墙对外共有六座门。

圜丘坛始建于嘉靖九年（1530

北京天坛-圜丘坛内壝墙与北内棂星门

TEMPLE ARCHITECTURE

北京天坛–从祈谷坛北望皇穹宇

　　北面的皇穹宇也始建于明嘉靖九年。初为重檐圆形攒尖顶，名"泰神殿"，用于平日供奉祀天大典所供神牌的殿宇。嘉靖十七年（1538年）改名为"皇穹宇"，清乾隆十七年（1752年）改建为单檐圆形攒尖顶。皇穹宇殿高19.5米，直径15.6米，砖木结构，殿顶靠八根金柱、八根檐柱和众多的斗拱支托。三层天花藻

北京天坛–皇穹宇南门

坛庙建筑

ARCHITECTURE
TEMPLE

北京天坛-皇穹宇

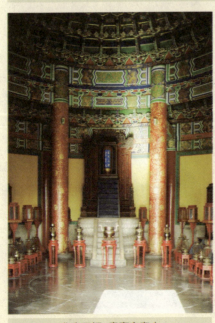

北京天坛-皇穹宇室内

井，外饰青绿基调的彩画，中心为大金团龙图案。殿顶上覆蓝色琉璃瓦，有鎏金宝顶，殿墙是正圆形磨砖对缝的砖墙。

　　殿外圆墙俗称回音壁，墙高3.72米，底厚0.9米，直径61.5米，周长193.2米。墙壁是用磨砖对缝砌成的，墙顶覆着蓝色琉璃瓦。围墙的弧度十分规则，墙面极其光滑整齐。

　　圜丘与皇穹宇外围"子墙"的四周各有一门，北门叫成贞门，也称北天门；东门叫泰元门，也称东天门；西门叫广利

北京天坛-皇穹宇鸟瞰

坛庙建筑

门，也称西天门；南门叫昭享门，也称南天门。将各门名称的第二个字顺序排列为元、享、利、贞，就是《周易》的"天卦四德"而定。"元"，代表始生万物，天地生物无偏私；"享"，为万物生长繁茂亨通；"利"，为天地阴阳相合，从而使万物生长各得其宜；"贞"，为天地阴阳保持相合而不偏，以使万物能够正固而持久。

再北依次为祈谷坛门、祈谷

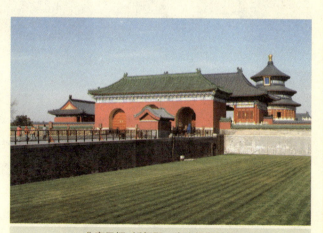
北京天坛-祈年殿、南内门和外门

北京天坛-祈谷坛

北京天坛-祈年殿正南内门

北京天坛-祈谷坛

北京天坛-皇乾殿

坛、皇乾殿。在祈谷坛上建有祈年殿，殿高33米，直径24.2米，宏伟壮观，气度非凡，是昔日北京的最高建筑之一。祈年殿的前身为建于明永乐十八年（1420年）的大祀殿，为宽十二间、进深

北京天坛-皇乾殿

清王朝建立后，用它来举行祈谷礼。清乾隆十六年（1751年）重修祈年殿，更换蓝瓦金顶，并正式将大享殿更名为祈年殿。光绪十五年（1889年）八月二十四日，雷雨交加，祈年殿不幸被雷电击中焚烧。据说因柱子为檀香木，香飘数里。据传，北京古建筑材料中有著名的"四宝"，即祈年殿沉香木柱，太庙前殿正中三间沉香

三十六间的黄瓦玉陛重檐垂脊的方形大殿。后来奉嘉靖皇帝旨意拆除，并于1545年在大祀殿原址上建成圆形大享殿，内设神位祭祀五方帝。

坛庙建筑

北京天坛-祈年殿

TEMPLE ARCHITECTURE

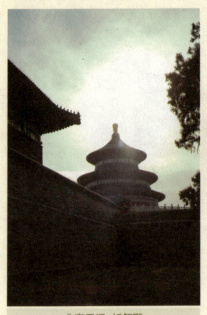

北京天坛-祈年殿

木梁柱，颐和园佛香阁内铁梨木通天柱，谐趣园中涵远堂内沉香

木装修隔扇。现存的祈年殿，是雷击后重修的，其形状和结构都与原来的一样。

祈年殿也充满了象征性，鎏金宝顶三层圆形攒尖式屋顶，层层向上收缩，覆盖着象征"天"的蓝色琉璃瓦；檐下的木结构外饰和玺彩画，坐落在汉白玉石基座上，远远望去，色彩对比强烈而和谐，上下形状统一而富于变化。三层石阶与三层屋檐组成的"六横"正是八卦中的"乾"的卦象；内顶为层层相叠而环接的穹隆藻井，由二十八根大柱支撑着整个殿顶的重量，象征着周天二十八星宿；中间的四根龙井

北京天坛-祈年殿

北京天坛-祈年殿室内

柱高18.5米，底直径1.2米，古镜式的柱础，海水宝相花彩绘柱身，沥粉贴金，支撑着殿顶中央的"九龙藻井"，它们象征春夏秋冬四季；十二根金柱象征着一年的十二个月；十二根檐柱象征着一天十二个时辰；两层柱子共二十四根，又象征着二十四节气；二十八根大柱加上梁上的八根童柱，合计三十六根柱子，象征着三十六天罡。

天坛还有两组重要的建筑群，即斋宫和神乐署。斋宫

坛庙建筑

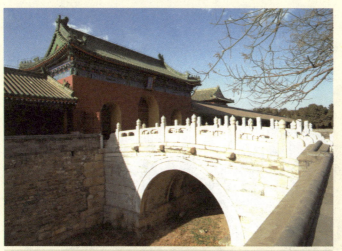

北京天坛-斋宫东门

北京天坛-斋宫南门

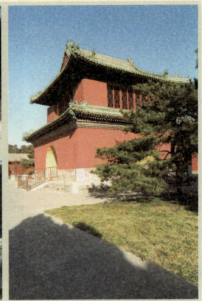

北京天坛-斋宫内河护栏墙

北京天坛-斋宫内钟楼

实际是座小皇宫，位于内围墙内的西部，是专供皇帝举行祭祀礼前斋戒时居住的宫殿，也有两道围墙及护城河围护。斋宫内建有无梁殿、寝殿、钟楼、值守房和巡守步廊等礼仪、居

北京天坛-斋宫巡守步廊与外护城河

北京天坛–斋宫无梁殿

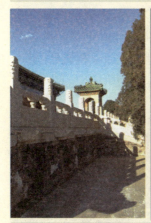

北京天坛–斋宫无梁殿月台　　北京天坛–斋宫无梁殿内景　　北京天坛–斋宫神亭

住、服务、警卫专用建筑，均采用绿色琉璃瓦，以两重宫墙、两道御沟围护。斋宫布局严谨，环境典雅，是中国古代祭祀斋戒建筑的代表作。

无梁殿即斋宫正殿，建于明永乐十八年（1420年），绿琉璃瓦庑殿顶，殿内为砖券拱顶，殿前月台崇基石栏，三出陛，正阶十三级，左右各十五级。无梁殿

是皇帝白天斋戒场所，殿内陈设朴素，明间所悬"钦若昊天"匾为乾隆皇帝御笔，表达了天子对皇天上帝的虔诚之心。

神乐署则是隶属于礼部太常寺之下，专门负责祭祀时进行礼乐演奏的官署。它是一个常设机构，拥有数百人的乐队和舞队，平时进行排练，祭祀时负责礼乐。神乐署的位置在内围墙西部的外面，与斋宫隔墙相邻，是一组标准的衙署建筑。神乐署正殿原名太和殿，康熙

北京天坛-斋宫神亭内铜仙人

北京天坛-斋宫外拆除的建筑遗址

北京天坛–神乐署门廊与前殿

十二年（1673年）改名凝禧殿，
系五开间大殿。后面还有七开间
小殿。另外，署内还设有奉祀
堂、掌乐堂、协律堂、教师房、
伶伦堂、穆佾所和收藏乐生冠服
的库房二十三间。

北京天坛–神乐署后殿

北京天坛–神乐署前殿背面

北京天坛–七星石

北京天坛–神厨外景

北京天坛–宰牲亭外景

坛庙建筑

71

TEMPLE ARCHITECTURE

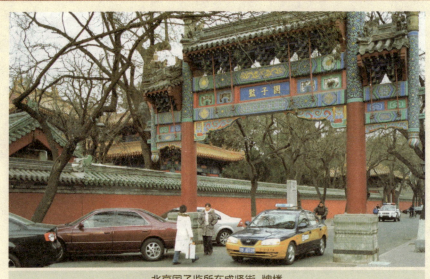

北京国子监所在成贤街-牌楼

## 北京国子监

国子监位于北京安定门内成贤街孔庙的西侧，是元、明、清三代国家设立的为官府培养后备人才的最高学府，始建于元大德十年（1306年）。按照"左庙右学"的传统规制，国子监与孔庙相毗邻。

国子监的中心建筑是辟雍，建于清乾隆四十九年（1784

① 集贤门 Ji Xian Gate
② 井亭 Well Pavilion
③ 太学门 Tai Xue Gate
④ 卫生间 Toilet
⑤ 琉璃牌坊 Glazed Memorial Arch
⑥ 碑亭 The Stone Tablet
⑦ 展厅 Display Room
⑧ 临时展厅 Contemporary Display R.
⑨ 辟雍 Biyong Hall
⑩ 彝伦堂 Yi Lun Hall
⑪ 博士厅 Bo Shi Hall
⑫ 绳愆厅 Sheng Qian Hall
⑬ 敬一亭 Jing Yi Pavilion

北京国子监-平面图

北京国子监-集贤门

72

北京国子监-辟雍

坛庙建筑

年），是我国现存唯一的古代
"天子之学"。其坐北向南，
平面呈正方形，深广各达五
丈三尺，黄琉璃瓦重檐四角
攒尖顶，上有鎏金宝珠；四
面各辟一门，四周以回廊和
圆形水池环绕，池周围有汉
白玉雕栏围护，池上架有石
桥，通向辟雍的四个门，构
成"辟雍泮水"之旧制。殿
内为藻井彩绘天花顶，设置
龙椅、龙屏等皇家器具，以
供皇帝"临雍"讲学之用。

　　辟雍之南由琉璃牌坊门一
座，北部有殿曰彝伦堂，七开
间，是藏书的地方。两侧各有

北京国子监-辟雍室内

北京国子监-辟雍与厢房

厢房三十三间，是授课讲书的所在，统称为六堂，东为率性堂、诚心堂、崇志堂，西为修道堂、正义堂、广业堂。此后的敬一亭院，是国子监最高教官祭酒办公的地方。

TEMPLE ARCHITECTURE

北京国子监-琉璃牌楼

北京国子监-彝伦堂

北京国子监-敬一亭院前门

# 第四章
# 地祇体系的坛庙建筑

# 1.【从社到社稷坛、先农坛】

《史记·封禅书》说："自禹兴而修社祀。"《论语·八佾》曾载："哀公问社于宰我，宰我对曰：'夏后氏以松，殷人以柏，周人以栗，曰，使民战栗。'"《尚书·甘誓》记夏启与有扈氏战于甘，夏启命令道："用命赏于祖，弗用命戮于社。"这些记录内容是说，至迟到夏代，就有政治意义的"社"了。

殷墟卜辞中经常出现"土"字，如："贞，燎于土，三小牢，卯二牛，沉十牛。""壬辰卜，御于土。""贞，王告土。"那么，殷人为什么要在"土"中进行占卜和祭祀活动呢？王国维开创性地指出，殷卜辞中的"土"应即是"社"。这在后世文献中也有反映，《诗·商颂·玄鸟》里有"宅殷土茫茫"，《史记·三代世表》引作"宅殷社茫茫"，《诗·绵》有"乃立冢土"，毛传："冢土，大社也。"后世文献称殷商有"商社"或"亳社"，此"商社"又被人们称为"桑林之社"。

从"社"字的结构看，从"示"从"土"。"示"是神灵的意思，从甲骨文和金文看，"土"字作平地凸起状，或作一树立物，即"土"是场地的标志性构筑物，因此社是有着标志物的祭神的场所。"社"还经常用作动词，表示祭祀活动，《书·洛诰》"乃社于新邑"，《诗·甫田》"以社以方（指大地）"，都表示祭社活动。

由于"社"的出现很早，属性或功能也是歧义百出，从历史文献的记载中可以总结为如下几个方面：

其一是国家政权的象征。周方国建立于古公时期，国家的社亦于此时建设。周灭商后，随即摧垮殷王国营建的东都洛邑，又在洛邑立周社。《白虎通·社稷》说："封土立社，示有土也。"《左传》所记在春秋时期，人们也经常把"社稷"一词作为国家政权的代名词使用，如"请子奉之，以主社稷。"

其二是国家驱除灾异祭祀活动的场所。《春秋》庄公二十五年："六月辛未，朔，日有食之。鼓，用牲于社……秋，大水。鼓，用牲于社、于门。"《左传》昭公十八年："七月，郑子产为火故，大为社，祓禳于四方，振除火灾，礼也。"《吕氏春秋·求雨》："春旱求雨，令县邑以水日令民。"

其三是国家刑罚杀戮祭祀活动的场所。《左传·鲁成公十三年》记鲁成公及诸侯朝天子，然后跟随刘康公、成肃公伐秦，"成子受月辰于社，不敬。刘子曰：'戎有受月辰，神之大节也。'"《闵公二年》记梁余子养曰："帅师者，受命于庙，受月辰于社 。""受月辰"是祭社内容，辰星（水星）与月亮都主生杀。《周礼》中"大祝"职云："大师宜于社，造乎庙。设军社，类上帝。国将有事于四望

及军归，献于社。""大司寇"职云："大军旅，莅戮（lì lù，监斩）于社。"

其四是与农业相关的土地神的祭祀场所。成书于西汉时期的《礼记·祭法》载："王（天子）为群姓立社，曰太社，王（天子）自为立社，曰王（天子）社；诸侯为百姓立社，曰国社，诸侯自为立社，曰侯社；大夫以下成群立社，曰置社。"《通典》说："周制……'王自为立社曰王社'，于籍田立之。按《诗·周颂》云：'春籍田而祈社稷。'既因籍田，遂以祈社，则是籍田中立之。王亲籍田，所以供粢（zī，泛指谷物）盛，故因立社以祈之。"籍田实际上是天子的祖宗产业，也叫大田、甫田、公田。《汉书·郊祀志》说："自共工氏霸九州，其子曰句龙，能平水土，死为社祠。有烈山氏王天下，其子曰柱，能殖百谷，死为稷祠。故郊祀社稷，所从来尚矣。"句龙也就是句芒，是青帝伏羲或太昊（皆为太阳神）的佐臣，主管东方，主管春季，也是木神。烈山氏也就是神农氏。

其五是生殖崇拜活动的场所。《礼记·月令》载："仲春之月……是月也，玄鸟至，至之日，以大牢祠于高禖。天子亲往，后妃帅九嫔御，乃礼天子所御，带以弓韣（dú），授以弓矢，于高禖之前。"箭矢乃"男根"的象征物，这种在高禖神前射箭祭祀仪式的象征意义不言自喻。《周礼·地官》载："媒氏……以仲春之月，令会男女，于是时也，奔者不禁，若无故而不用令者罚之。司男女之无夫家者而会之。"

《墨子·明鬼》云："燕之有祖泽，当齐之社稷，宋之桑林，楚之云梦也。此男女所属而观（欢）也。"《诗经·桑中》云："爱采唐矣？沫之乡矣。云谁之思？美孟姜矣。期我乎桑中，要我乎上宫……"其中"桑中"即桑林，"上宫"即社宫，都是"男女所属而观（欢）也"之地。《论语·八佾》载："子曰：'禘自灌而往者，吾不欲观之矣。'""禘"就是"禘祫"之礼，"灌"就是"裸"，也就是祭社之礼的最后阶段是沐浴而"祫"，即合男女的仪式。可能因为不雅观，以至于好礼的孔子都说："对于禘祭，裸灌仪式开始以后的，我就不想看了。"

汉画像砖临本

这几则文献所记录的内容很显然都是与早期生殖崇拜有关的遗俗。现在还有很多少数民族地区遗留有"社"，标志物的形式就是圆形"地乳"上插一个木制或石制"男根"，象征意义非常明确，这是最原始的社的遗俗的真实写照。

与祭社的上述内容相关的农作物生长、生殖崇拜、刑罚杀戮之间又有着内在的逻辑关系。古人把动物（包括人）的生殖与植物的生长视为具有相同的属性。另外，生与亡又是生命循环中的两个过程，所以"生"与"亡"都是由同一个神来掌握，相关的祭祀活动自然就都在同一个社内举行了，所祭祀的神，即"后土"。再有，社不是一个随随便便的场所，因祭祀便有着极其的严肃性，所以才会有代表国家政权的功能，所以才会"使民战栗"。

社之后土神是阴神、女神，后世从中分化出来的"社稷"神，表面上已经演化为阳性形象了，如说它们为"共工之子""烈山之子"，但它们的功能又是阴性的，即负责土地作物

的生长，一个是"土地神"，一个是"谷物神"。这显然是父系氏族社会之后形成的观念，也使社神的属性在概念上产生了错乱。好在这种错乱在实际的祭祀操作中向来是被更正了的。"共工之子""烈山之子"的说法最早产生时期应该在周初之际。

成书于东汉的《白虎通·社稷·注》说："社，后土之神也。不谓之'土'何？封土为社，故变名谓之'社'，利于众土也。"《孝经纬》也说："社者，土地之神也。土地阔不可尽祭，故封土地为社，以报也。"这些记载也说明，"社"的标志性构筑物就是一个土堆，即"封土"，也就是"地乳"。在上古时期"后"也有"帝"的意义，可能最早是指母系社会的首领。

"社"还有石社、树社两种形式。石社即在封土堆上树立石柱、石屋之类作为祭祀的场所。《周礼·春官·小宗伯》郑玄注即说："社之主盖用石为之。"

在不晚于新石器时代中晚期的江苏省连云港市将军崖遗址，曾发现原始石社遗迹。在三组岩画之间有三块岩石，一大二小。

坛庙建筑

另有一块被人推下山崖，这块岩石原来是和那两块小岩石相互咬压，搭成一个小石棚，应该正是以石为社的遗存。距离连云港市不太远的铜山县丘湾，发现一处殷商时期的石社遗址，中心矗立四块大石，周围有人头骨两个，狗骨架32具。殷人的石社显然是继承了远古部落石社的形式。

中国古代社会以农业经济立国，"男耕女织"是最概括的经济模式。至晚在进入父系社会之后，古人在编纂历史的过程中，就把这种经济模式的"创始"也都归为了传说中的"天子"和"天后"的麾下，那么"创造"了男耕女织经济模式的天子和天后也就等同于神灵了。创造了"男耕"的是"神农"，与"男耕"相关的神有"句龙""柱（稷）""五方（太阳）神""后土"；创造了"女织"的是皇帝的妻子"嫘祖"，又与"后土"相叠。《通典》引用郑玄的说法："社者，五土之神。五土谓若地官司徒职云，山林、川泽、丘陵、坟衍（水边和低下平坦的土地）、原隰（xí，平原和低下的地方）等，各有所育，群

生赖之。故特于吐生物处，别立其名为社。"因此也就有："社者，土地之主；稷者，原隰之中能生五谷之祇。"

《汉书·郊祀志》中记载了刘邦与"社"相关的一系列活动：最初起事反秦时，在丰邑枌榆乡社稷祭祀祷告；元年（前206年），废除旧秦的社稷，建立汉室社稷；二年，令全国各县建立"公社"；六年，下诏给御史令，常年冬至以牛祭祀丰邑枌榆乡社；八年，令"天下"建立灵星祠，常年祭祀，批准有司的建议成为制度，即令各县于每年春二月及腊月以羊和猪祭祀社稷……

考古挖掘证明，汉"太社"在长安南郊正对着未央宫前殿，"太稷"在"太社"的西南方。布局皆为中心是夯土筑成的主体建筑，四周有廊庑，两重墙垣，四面设门。至于"灵星祠"所祭祀的内容，可参考《正义汉旧仪》中有关汉武帝曾修复周室旧灵台的解释："（武帝）五年（前136年），修复周家旧祠（指郜城）。祀后稷于（长安城）东南，为民祈农报厥功。夏则龙星

见而始雩。龙星左角为天田，右角为天庭。天田为司马，教人种百谷为稷。灵者，神也。辰之神为灵星，故以壬辰日祠灵星于东南，金胜为土相也。"前面讲勾芒也是句龙。晨星也主"杀"，在阴阳观念中"生"与"杀"是一对相互转换的辩证关系。这样，"灵星祠"与"社"的主要含义非常一致。

《礼记·月令》载："孟春之月，日在营室，昏参中，旦尾中。其日甲乙，其帝大皞，其神句芒，其虫鳞……是月也，天子乃以元日祈谷于上帝。乃择元辰，天子亲载耒耜（lěi sì，两种农具），措之参保介之御间，帅三公、九卿、诸侯、大夫，躬耕帝籍……季春之月，是月也，命野虞（yú，掌管山泽鸟兽的官吏）毋伐桑柘。鸣鸠拂其羽，戴胜降于桑。具曲植籧筐。后妃齐戒，亲东乡躬桑。禁妇女毋观，省妇使以劝蚕事。蚕事既登，分茧称丝效功，以共郊庙之服，无有敢惰。"

《礼记》所讲是先秦时期的礼仪，其中提到了天子"躬耕帝籍"。在周天子的籍田中原本有

"社"，是祭祀社稷神的场所。但在战国末期至汉代前期，对籍田已很少有记录。《汉书·文帝纪》载："（文帝二年）春正月丁亥，诏曰：'夫农，天下之本也，其开籍田，朕亲率耕，以给宗庙粢盛……'十三年春二月甲寅，诏曰：'朕亲率天下农耕以供粢盛，皇后亲桑以奉祭服，其具礼仪。'"

《后汉书·志·礼仪》多次明确地说祭祀之地有太社稷，并"正月始耕。昼漏上水初纳，执事告祠先农，已享。耕时，有司请行事，就耕位，天子、三公、九卿、诸侯、百官以次耕。"又隐约地提到了在"帝籍"中有"先农"。

《晋书·志·礼》说："前汉但置官社而无官稷，王莽置官稷，后复省。故汉至魏但太社有稷，而官社无稷，故常二社一稷也。"就是说在汉代的前期有"太社"，其中有"稷"，有"王社"，其中没有"稷"。"官社"是不是等同于"王社"，也不得而知。

《晋书·志·礼》又说："晋初乃魏，无所增损。至太康

九年，改建宗庙，而社稷坛一庙俱徙。乃诏曰：'社实一神，其并二社之祀。'"于是车骑司马傅咸表说："王社太社，各有其义。天子尊事郊庙，故冕而躬耕。躬耕也者，所以重孝享之粢盛。亲耕故自报，自为立社者，为籍田而报者也；国以人为本，人以谷为命，故又为百姓立社而祈报焉。事异报殊，此社之所以有二也。"傅咸的解释非常清晰，就是"王社"天子为"自家"祭祀祈福之社，"太社"是天子为天下百姓祭祀祈福之社。

《晋书·志·礼》还说："《周礼》，王后帅内外命妇享先蚕于北郊。汉仪，皇后亲桑东郊苑中，蚕室祭蚕神，曰苑窳（yǔ）妇人、寓氏公主，祠用少牢。魏文帝黄初七年正月，命中宫蚕于北郊，依周典也……及（晋）武帝太康六年……于是蚕于西郊，盖与籍田对其方也。乃使侍中成粲草定其仪。先蚕坛高一丈，方二丈，为四出陛（台阶），陛广五尺，在皇后采桑坛东南帷宫外门之外，而东南去帷宫十丈，在蚕室西南，桑林在其东。取列侯妻六人为蚕母。"这是最早提到的先蚕坛的具体形制。

上述"太社""太稷""先农""先蚕"中，前者一般都划为"大祀"级别，后两者划为"中祀"级别。从晋以后，对后两者的描述渐少。后周时期，把先农作为"昊天上帝"和"皇地祇"的配祭内容。直到隋代，《隋书·志·礼》中又非正式地提到了对"先农"与"先蚕"的祭祀。

据《旧唐书·志·礼仪》叙述，武德、贞观之制，仲春、仲秋二时戊日，祭太社、太稷，社以勾龙配，稷以后稷配；孟春吉亥，祭帝社于籍田，天子亲耕；季春吉巳，祭先蚕于公桑，皇后亲桑。

太宗贞观三年正月，皇帝曾亲祭先农，躬御耒耜，籍于千亩之甸，"观者莫不骇跃"。最初，议籍田按礼仪应所处的方位，给事中孔颖达说："礼，天子籍田于南郊，诸侯于东郊。晋武帝犹于东南。今于城东置坛，不合古礼。"太宗说："礼缘人情，亦何常之有。且《虞书》云'平秩东作'，则是尧、舜敬授人时，已在东矣。又乘青辂、推黛耜者，所以顺于春气，故知合在东方。且朕见居少阳之地，田于东郊，盖其宜矣。"

武则天初期，曾改籍田坛为先农坛。但神龙元年，礼部尚书祝钦明与礼官等奏曰："谨按经典，无先农之文。《礼记·祭法》云：'王自为立社，曰王社。'先儒以为社在籍田，《诗》之《载芟篇序》云'春籍田而祈社稷'是也。永徽年中犹名籍田，垂拱以后删定，改为先农。先农与社，本是一神，频有改张，以惑人听。其先农坛请改为帝社坛，以应礼经王社之义。其祭先农既改为帝社坛，仍准令用孟春吉亥祠后土，以勾龙氏配。"于是改先农为帝社坛，于坛西立帝稷坛，礼同太社、太稷。"其坛不备方色，所以异于太社也。"这时出现了四坛。

玄宗开元二十二年冬，礼部员外郎王仲丘又上疏请行籍田之礼。《新唐书·志·礼乐》说："高五尺，周四十步者，先农、先蚕之坛也。"

《宋史·志·礼》载："社稷，自京师至州县，皆有其祀……太社坛广五丈，高五尺，五色土为之。稷坛在西，如其制。社以石为主，形如钟，长五尺，方二尺，剡（削尖）其上，培其半。四面宫垣饰以方色，面各一屋，三门，每门二十四戟，四隅连饰罘罳（fú sī，曲阁），如庙之制，中植以槐。其坛三分宫之一，在南，无屋。

"籍田之礼，岁不常讲……所司详定仪注：'依南郊置五使。除（距）耕地朝阳门七里外为先农坛，高九尺，四陛，周四十步，饰以青；二壝，宽博取足容御耕位。观耕台大次设乐县、二舞。御耕位在壝门东南，诸侯耕位次之，庶人又次之。观耕台高五尺，周四十步，四陛，如坛色。其青城（斋宫）设于千亩之外。'

"政和，礼局言：'《礼》：天子必有公桑蚕室，以兴蚕事……于先蚕坛侧筑蚕室，度地为宫，四面为墙，高仞有三尺，上被棘，中起蚕室二十七，别构殿一区为亲蚕之所。仿汉制，置茧馆，立织室于宫中，养蚕于薄以上。度所用之数，为桑林。筑采桑坛于先蚕坛

南，相距二十步，方三丈，高五尺，四陛……'"

《金史·志·礼》载："贞元元年（1153年）闰十二月，有司奏建社稷坛于上京。大定七年（1167年）七月，又奏建坛于中都。"

《元史·志·祭祀》载："（至元）三十年（1293年）正月，始用御史中丞崔彧言，于和义门内少南，得地四十亩，为壝垣，近南为二坛，坛高五丈，方广如之。社东稷西，相去约五丈。社坛土用青赤白黑四色，依方位筑之，中间实以常土，上以黄土覆之。筑必坚实，依方面以五色泥饰之。四面当中，各设一陛道。其广一丈，亦各依方色。稷坛一如社坛之制，惟土不用五色，其上四周纯用一色黄土。坛皆北向，立北墉于社坛之北，以砖为之，饰以黄泥；瘗坎二于稷坛之北，少西，深足容物。"

从《宋史》到《元史》中，对"太社""太稷""先农"等的描述越来越详尽，附属建筑也越来越多（此处不详赘）。

《明史·志·礼》记载，洪武元年（1368年），中书省定议："周制，小宗伯掌建国之神位，右社稷，左宗庙。社稷之祀，坛而不屋。其制在中门之外，外门之内。尊而亲之，与先祖等。然天子有三社……后世天子惟立太社、太稷。汉高祖立官太社、太稷……光武立太社稷于洛阳宗庙之右……唐因隋制，并建社稷于含光门右……玄宗升社稷为大祀……宋制如东汉时。元世祖营社稷于和义门内，以春秋二仲上戊日祭。今宜祀以春秋二仲月上戊日。"

明初建在南京的"太社坛"和"太稷坛"在宫城西南，东西对峙，坛皆北向。广五丈，高五尺，四出陛，皆五级。坛土五色随其方位，黄土覆之。坛相去五丈，坛南皆树松。二坛同一壝，方广三十丈，高五尺，甃砖，四门饰色随其方。周坦四门，南灵星门三，北戟门五，东西戟门三。戟门各列戟二十四。

洪武初年，太祖"命中书省翰林院议创屋，备风雨。"学士陶安说："天子太社必受风雨霜露。亡国之社则屋之，不受天阳也。建屋非宜。若遇风雨，则请于斋宫望祭。"

坛庙建筑

洪武三年，于太社稷坛北建祭殿五间，又北建拜殿五间，以备风雨。

洪武十年，太祖以社稷分祭，配祀未当。尚书张筹言："按《通典》，颛顼祀共工氏子句龙为后土。后土，社也。烈山氏子柱为稷。稷，田正也。唐、虞、夏因之。此社稷所由始也。商汤因旱迁社，以后稷代柱。欲迁句龙，无可继者，故止。然王肃谓社祭句龙，稷祭后稷，皆人鬼，非地祇。而陈氏《礼书》又谓社祭五土之祇，稷祭五谷之神。郑康成亦谓社为五土总神，稷为原隰之神。句龙有平水土功，故配社，后稷有播种功，故配稷。二说不同。汉元始中，以夏禹配官社，后稷配官稷。唐、宋及元又以句龙配社，周弃配稷。此配祀之制，初无定论也。至社稷分合之义，《书召诰》言'社于新邑'，孔注曰'社稷共牢'，《周礼》'封人掌设王之社壝'，注云'不言稷者，举社则稷从之。'陈氏《礼书》曰：'稷非土无以生，土非稷无以见生生之效，故祭社必及稷。'《山堂考索》曰：'社为

九土之尊，稷为五谷之长，稷生于土，则社与稷固不可分。'其宜合祭，古有明证。请社稷共为一坛。至句龙，共工氏之子也，祀之无义。商汤欲迁未果。汉尝易以夏禹，而夏禹今已列祀帝王之次，弃稷亦配先农。请罢句龙、弃配位，谨奉仁祖淳皇帝配享，以成一代盛典。"（《明史·志·礼》）于是改坛在午门右，太社稷共一坛，为二层。上层广五丈，下层广五丈三尺，高五尺。外壝高五尺，四面各十九丈有余。外层垣东西六十六丈有余，南北八十六丈有余。垣北三门，门外为祭殿，其北为拜殿。外复为三门，垣东、西、南门各一。

洪武十一年，礼臣言："太社稷既同坛合祭，王国各府州县亦宜同坛，称国社国稷之神，不设配位。""诏可。"十三年九月，复定制两坛一壝如初式。

永乐年中，在北京建太社稷坛，如南京旧制。

《明史·志·礼》记载，嘉靖十年（1531年），皇帝命在西苑空地垦荒为田，建"帝社坛"和"帝稷坛"，东帝社、西帝稷，皆北向。坛北树二坊，曰

TEMPLE ARCHITECTURE

社街。两坛本始名为"西苑土谷坛"，后来"帝谓土谷坛亦社稷耳，何以别于太社稷？"张璁等言："古者天子称王，今若称王社、王稷，与王府社稷名同。前定神牌曰五土谷之神，名义至当。"于是改为"帝社坛"和"帝稷坛"。隆庆元年，礼部言："帝社稷之名，自古所无，嫌于烦数，宜罢。"于是便撤销了此两坛。

关于先农坛，《明史·志·礼》记载，洪武元年，皇帝谕廷臣以来春举行籍田礼。于是礼官钱用壬等言："汉郑玄谓王社在籍田之中。唐祝钦明云：'先农即社。'宋陈祥道谓：'社自社，先农自先农。籍田所祭乃先农，非社也。'至享先农与躬耕同日，礼无明文，惟《周语》曰：'农正陈籍礼。'而韦昭注云：'祭其神为农祈也。'至汉以籍田之日祀先农，而其礼始着。由晋至唐、宋相沿不废。政和间，命有司享先农，止行亲耕之礼。南渡后，复亲祀。元虽议耕籍，竟不亲行。其祀先农，命有司摄事。今议耕籍之日，皇帝躬祀先农。礼毕，躬耕籍田。以仲春择日行事。"皇帝从之。

洪武二年二月，皇帝命建先农坛于南京的南郊，在籍田北。亲祭，以后稷配。二十一年，更定祭先农仪，不设配位。先农坛高五尺，广五丈，四出陛。御耕籍位（籍田坛），高三尺，广二丈五尺，四出陛。

永乐十八年（1420年），建先农坛于北京，如南京制，石阶九级。西瘗位，东斋宫、銮驾库，东北神仓，东南具服殿，殿前为观耕之所。护坛地六百亩，供黍稷及荐新品物地九十余亩。另有太岁坛在其东北。

北京先农坛

《明史·志·礼》载："嘉靖时，都给事中夏言请改各宫庄田为亲蚕厂公桑园。令有司种桑柘，以备宫中蚕事。九年，复疏言，耕蚕之礼，不宜偏废。帝乃敕礼部：'古者天子亲耕，皇后亲蚕，以劝天下。自今岁始，朕亲祀先农，皇后亲蚕，其考古制，具仪以闻。'"大学士张璁等请于安定门外建先蚕坛。詹事霍韬以为道远不妥，户部亦言："安定门外近西之地，水源不通，无浴蚕所。皇城内西苑中有太液、琼岛之水。考唐制在苑中，宋亦在宫中，宜仿行之。"但嘉靖帝说唐人是因陋就安，不可效法，于是在安定门外建先蚕坛。

嘉靖十年（1531年）二月，礼臣言："去岁皇后躬行采桑，已足风励天下。今先蚕坛殿工未毕，宜且遣官行礼。"皇帝最初否决了，令如旧行。但因皇后出入不便，后命改筑先蚕坛于西苑。坛之东为采桑台，台东为具服殿，北为蚕室，左右为厢房，其后为从室，以居蚕妇。设蚕宫署于宫左，令一员，丞二员。四月，皇后行亲蚕礼于内苑。嘉靖三十八年罢亲蚕礼。

《清史稿·志·礼一》载："先蚕坛，乾隆九年，建西苑东北隅，制视先农。径四丈，高四尺，陛四出。殿三楹，西乡。东采桑台，广三丈二尺，高四尺，陛三出。前为桑园台，中为具服殿、为茧馆，后为织室。有配殿，环以宫墙。墙东浴蚕河，跨桥二。桥东蚕署三，蚕室二十七，俱西乡。外垣周百六十丈，各省先农坛高广视社稷，馀如制。"

## 北京社稷坛

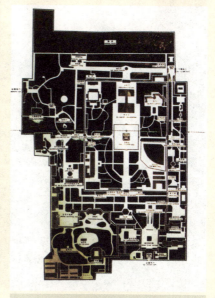

北京社稷坛-平面图

TEMPLE ARCHITECTURE

北京社稷坛-从南门内东望天安门

北京社稷坛-习礼亭

北京社稷坛位于紫禁城之右。此地曾是辽、金城东北郊的兴国寺，元代扩入元大都城内，改名为万寿兴国寺。坛始建于明永乐十八年（1420年），为明、清皇帝每年春秋仲月上戊日祭太社和太稷的场所。

民国三年（1914年）内务总长朱启钤将社稷坛改为中央公园，在南面辟一门（今中山公园南门），后又在西辟一门（今西门）。民国四年将原在礼部的"习礼亭"迁建于园内，民国六年从圆

北京社稷坛-松柏交翠亭　　北京社稷坛-来今雨轩前太湖石　　北京社稷坛-格言亭

明园遗址移来始建于清乾隆年间的"兰亭八柱"和"兰亭碑"。

1925年，孙中山逝世后，曾在坛北的拜殿停灵，1928年改拜殿名为中山堂。同时，改名为中山公园后，增建了一些风景建筑：东有松柏交翠亭、投壶亭、来今雨轩；西有迎晖亭、春明馆、绘影楼、唐花坞、水榭、四宜轩；北有格言亭等。1929年

北京社稷坛-来今雨轩

坛庙建筑

北京社稷坛-中山音乐堂

北京社稷坛-北天门

在中山公园内成立中国营造学社。1942年7月建中山音乐堂，还将戟门改为电影场，后为革命图书馆，现为全国政协的会议厅。新中国成立后，公园曾多次修葺，又增添了一些大型文娱建筑。1957年至1999年，对位于内坛的中山音乐堂多次进行改建和扩建，其位置在内坛墙内。

社稷坛整体布局略呈长方形，有内外两重垣，占地面积16万多平方米。内坛墙南北长266.8米，东西宽205.6米，红墙黄琉璃瓦顶。每面墙正中辟

北京社稷坛-南天门

北京社稷坛-戟门

画，室外彩画为新作的金龙和玺。门内两侧原列有72支镀金银铁戟，插在木架上，清光绪二十六年（1900年）"八国联军"入京，误认为是金银戟，将其全部掠走。

门。北门为主门，是一座砖石结构的三座门（天门），黄琉璃瓦歇山顶，通面阔20米，进深7米，明间为绿琉璃重昂五踩斗拱，三座门均为拱券式。东、南、西各辟一拱券门，亦为砖石结构的黄琉璃歇山顶，面阔12米，进深7米，绿琉璃单翘单昂五踩斗拱。

北天门之南为戟门，明代建筑，面阔五间，黄琉璃瓦歇山顶，原为中柱三门之制，后改为五间均为隔扇门。室内彩画为旧物，金龙枋心旋子彩

戟门之南为享殿，又称拜殿，即现中山堂，原为皇帝到此祭祀时休息或遇雨时行祭之处。建筑始建于明，面阔五间，进深三间，黄琉璃瓦歇山顶，重昂七踩斗拱。室外和玺彩画，室内

北京社稷坛-拜殿

坛庙建筑

北京社稷坛-祭坛与拜殿

享殿之南即为社稷坛。坛为汉白玉石砌成的正方形三层平台，四出陛，各三级。上层边长15米，第二层边长约16.8米，下层边长约17.8米。社稷坛是严格遵照古制而筑的，坛上层铺五色土：中黄、东青、南红、西白、北黑。坛中央原有一方形石柱，为"社主"，又名"江山石"，象征江山永固。石柱半埋土中，后全埋，1950年移往他处；原坛中还有一根木制的"稷主"已无存。当时坛中所铺五色土是由全国各地纳贡而来，每年春秋二祭由顺天府铺垫新土。明弘治五年（1492

为金龙枋心旋子点金彩画，也是改变功能后的改动。殿内为彻上明造，无外廊，歇山角梁与采步金和下金檩相交于垂柱，这是明代无廊殿座的结构特征。门窗装修已非旧物，现中三间隔扇门，梢间间槛窗。戟门同拜殿前后连陛，都立于约一高的白石台基上，台阶六步。

北京社稷坛-祭坛与拜殿

北京社稷坛－壝墙西南角

北京社稷坛－壝墙与东棂星门

年）将所铺坛土由二寸四分改为一寸，后皆遵此制。

坛四周建有壝墙，墙顶依方位覆青、红、白、黑四色琉璃砖，宇墙每边长62米，高1.7米，四面均立一汉白玉石棂星门，门框亦为石制，原各装朱扉两扇。西南除社稷坛、享殿、戟门外，在内坛墙内还有神厨和神库，坐西朝东，面阔五间，进深五檩，南北并列，之间加建一过厅，其西边内坛墙处开一栱门，通往宰牲亭。

宰牲亭位于坛墙西门外南侧，为屠宰祭祀用牺牲之处，黄琉璃瓦重檐歇山顶，方形，每边

北京社稷坛－宰牲亭

坛庙建筑

均面阔三间。亭东南有一井亭，现仅存基础和井口。其外有垣墙一重（大部分已拆除），接于西坛墙，在北墙正中有砖石结构琉璃发券门一座，黄琉璃瓦歇山顶，面阔一间，檐下有仿木绿琉璃三踩斗拱。

北京社稷坛-从兰亭八柱亭前东望天安门

外坛墙周长约为2015米。天安门内西庑正中为社稷街门，东向，黄琉璃瓦歇山顶，面阔五间，进深三间。端门内西庑为社左门，黄琉璃瓦歇山顶，面阔三间，进深一间。社稷坛东北门在午门前阙右门之西，原为黄瓦三座门，近年经过改建，已失去原状。

兰亭八柱原在圆明园的四十

北京社稷坛-兰亭八柱亭

景之一"坐石临流"处，仿绍兴兰亭而建。亭为重檐蓝瓦八角攒尖顶，置兰亭碑于亭内。兰亭碑上刻有曲水流觞图，背面有乾隆写的诗文。八根柱上分别刻有乾隆和精选的七位书法家临摹的兰亭帖。

外坛墙新辟南门内有一座三间蓝琉璃顶汉白玉石牌坊。此坊原在东单北大街，为清廷向1900年被杀死的德国公使克林德赔罪而建。1918年第一次世界大战德国战败，1919年被市民砸毁，后民国政府命德国重建于此，改名"公理战胜"坊，并布置喷泉花木，形成一处欧式景观。1950年改为"保卫和平"坊。另外，新建筑还有来今雨轩饭庄。

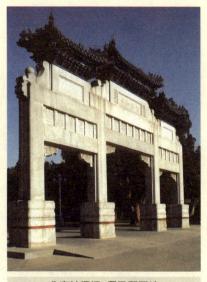

北京社稷坛-保卫和平坊

北京社稷坛-来今雨轩饭庄

坛庙建筑

TEMPLE ARCHITECTURE

先农坛位于北京二环路南侧偏西。明永乐十八年（1420年）始建，原另有太岁坛、山川坛。明嘉靖十一年（1530年），"山川坛"改建为"天神"与"地祇"坛，后来不断有修缮和新增建筑。

《清史稿·志·礼》说："天神、地祇、先农三坛制方，一成（层），陛皆四出，在正阳门外。先农坛位西南，周四丈七尺，高四尺五寸。东南为观耕台，耕籍时设之。前籍田，后具服殿。东北神

北京先农坛-古建群复原鸟瞰图

仓，中廪（米仓）制圆。前收谷亭，后祭器库。内垣南门外，神祇坛在焉。（天）神坛位东，方五丈，高四尺五寸五分。北石龛四，镂云形，分祀云、雨、风、雷。（地）祇坛位西，广十丈，纵六丈，高四尺。南石龛五，镂山水形，分祀岳、镇、海、渎。

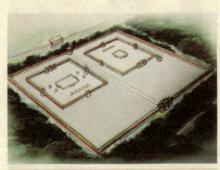

北京先农坛-天神地祇坛复原鸟瞰图

北京先农坛-地祇坛拜石格局

北京先农坛-神版库

北京先农坛-神库神厨院内井亭

二坛方壝，俱周二十四丈，高五尺五寸。正门分南、北，馀如日、月坛。又内垣东门外北斋宫，五楹，后殿，配殿，茶、膳房具焉。乾隆时，更命斋宫曰庆成宫。坛外垣周千三百六十八丈。南、北门二，东乡（向），南入先农坛，北入太岁殿。殿七楹（开间），东、西庑各十有一。其前曰拜殿，燎炉一。"

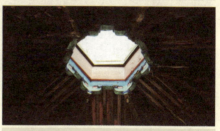

北京先农坛-神库神厨院内井亭天井

先农坛呈方形，一层，四面有台阶各八级，由石包砖砌，现测量边长约15米，高约1.5米。有宰牲亭一座。神库神厨院位于先农

民国以后先农坛逐渐衰败，后很多建筑被拆除。1916年，先农坛被辟为城南公园。现先农坛遗留的建筑群可以分为三组，即先农坛（先农神坛、神库神厨院、神仓院、具服殿、观耕台、庆成宫），太岁殿（太岁殿院和焚帛炉）和天神地祇坛。

北京先农坛-神库神厨院

坛庙建筑

北京先农坛-具服殿

神坛的正北，由正殿、东西配殿和两座六角井亭组成。正殿称为神版库，用供奉先农神的牌位；东配殿为神库，存放祭祀和亲耕用品的地方，西配殿为神厨。

　　具服殿为皇帝亲耕前更换亲耕礼服的地方，位于观耕台的北方。观耕台呈方形，边长18米，高一层1.9米，四面各有台阶九级。台阶踏步由汉白玉条石砌成，侧面雕有莲花图案。位于观耕台的南方有"一亩三分

北京先农坛-观耕台

北京先农坛-拜殿

地", 是皇帝亲耕的田地。
神仓院是存放耕田收获的

北京先农坛-太岁殿

谷物的地方, 建于清乾隆十七年（1752年）。院子分为前后两个院, 前院有收谷亭、圆廪神仓和库房, 后院是祭器的库房。庆成宫是皇帝祭祀和亲耕后犒劳百官的地方, 始建于明天顺二年（1458年）, 原称斋宫, 乾隆二十年（1755年）改今名。庆成宫设宫门两座, 院内东侧原有一座钟楼。主要建筑是前殿、后殿及东西配殿, 前殿设有月台。

太岁坛, 又称太岁殿, 位于先农神坛东北, 是祭祀太岁神及十二月将神的院落。建筑有太岁殿、拜殿及东西配殿。太

北京先农坛-太岁殿

坛庙建筑

TEMPLE ARCHITECTURE

北京先农坛-太岁殿院东配殿

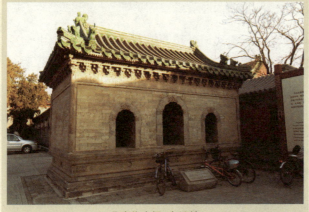

北京先农坛-东燎炉

岁殿正殿祭祀太岁神，东西配殿祭祀十二月将神。在太岁殿院外东南侧，还有用于焚烧祭祀太岁诸神的祝帛祭品的焚帛炉，为砖仿木结构无梁建筑。

## 北京先蚕坛

明嘉靖九年始建于北京安定

门外的先蚕坛，早已不见踪迹，嘉靖十年"命改筑先蚕坛于西苑"的位置，在西安门原万寿宫附近。高士奇所著《金鳌退食笔记》中记载："亲蚕殿，在万寿宫西南（万寿宫在原西安门内以南）。有斋宫，具服殿，蚕室，蚕馆，皆如古之。蚕坛方可二丈六尺，垒二级，高二尺六寸，陛四出，东西北俱树以桑柘。采桑台高一尺四寸，广一丈四尺。又有銮驾库五间，围墙八十余丈。"清时地名叫蚕池口。蔡升元有《移居蚕池养疾恭纪诗》，颔联是"平分翠色瀛台柳，依旧清光太液池"，由此可推断其大概位置。

现北京遗留的先蚕坛位于现北海公园的东北角，建于清乾隆七年（1742年），乾隆十三年、道光十七年（1837年）及同治、宣统年间均有修缮。其旧址是明朝雷霆洪应殿。院内种有很多桑树，东面有一条小河，名为"浴蚕河"。主殿是亲蚕殿，殿内悬挂乾隆御笔的匾额"葛罩遗意"，并有对联"视履六宫基化本，授衣万国佐皇猷"。1949年后，先蚕坛由北海幼儿园使用，对全坛进行修葺和改造，拆除先蚕坛和观桑台，填平浴蚕池，将旧式门窗改成新式玻璃门窗。

原坛为方形，南向，一层。东、西、北面均植护坛桑林，南面偏西处有正门三间。先蚕坛东南为观桑台。观桑台北为亲蚕门一间，绿琉璃瓦歇山顶，门左右连接朱红围墙，围墙北折构成一院落。院内前殿为茧馆，五开间，绿琉璃瓦歇山顶，前后出廊，三出阶，各五级。东西配殿各三间，绿琉璃瓦硬山顶。后殿为织室，五开间，绿琉璃瓦悬山顶，五花山墙，前后出廊，明间出阶。有东西配殿各三间，前后殿间有回廊相连。观桑台东南有先蚕神殿三间，坐东朝西，硬山顶，前出廊，三出阶。殿南北分别为井亭、宰牲亭各一座，方形绿琉璃瓦攒尖顶。殿西，北有神库三间，南有神厨三间，均为绿琉璃瓦硬山顶。神殿以北有蚕署三间，蚕署以北有蚕室二十七间。先蚕坛坛门外东南有一独立院落，其中有陪祀公主福晋室及命妇室各五间，均西向，灰瓦硬山顶。

**太岁：** 早在《山海经》中，太岁的别称为"视肉、聚肉"，现证明为一种生长于地表下的"粘菌复合体或真菌体"。太岁又指木星和道教诸神中的某神名。古人因"视肉"生长于地表下面且极其稀少，因此视为地祇类的神灵，并与天神（星神）有某种感应。比如，当木星"值"某地时，某地不能兴土木，即不能在太岁头上动土。

坛庙建筑

# 2.【从昆仑山到地坛】

《史记·封禅书》说："周官曰，冬日至，祀天于南郊，迎长日之至；夏日至，祭地祇。皆用乐舞，而神乃可得而礼也。"

《通典》说："周制，《大司乐》云：'夏日至礼地祇于泽中之方丘。'地祇主昆仑也。必于泽中者，所谓因下以事地。其丘在国之北，就阴位。礼神之玉以黄琮……"

这里提到祭坛的形式是"泽中之方丘"，但更为重要的是文中提到"地祇主昆仑也"，"其丘在国之北"，"就阴位"。

"昆仑"之名多见于《山海经》，其书本来分为《山经》与《海经》两部分。现在学界普遍认为这是两部本来各自独立的古籍，是刘向、刘歆父子在校书时将二书合编在一起的。

《山海经·海内西经》说："海内昆仑之虚，在西北，帝之下都。昆仑之虚，方八百里，高

万仞……面有九门，门有开明兽守之，百神之所在……昆仑南渊深三百仞。开明兽身大类虎而九首，皆人面，东向立昆仑上。"

《山海经·西次三经》说："昆仑之丘，是惟帝之下都，神陆吾司之。其神状虎身而九尾，人面而虎爪；是神也，司天之九部及帝之囿时。"

《山海经·大荒西经》说："西海之南，流沙之滨，赤水之后，黑水之前，有大山，名曰昆仑之丘。有神，人面虎身，有文有尾，皆白，处之。其下有弱水之渊环之，其外有炎火之山，投物辄然（燃）。有人戴胜，虎齿，有豹尾，穴处，名曰西王母。此山万物尽有。"

《山海经·神异经》说："昆仑有铜柱焉，其高入天，所谓天柱也。"

《山海经·海内经》载："西南海黑水之间，有都广之

野，后稷葬焉……有木，青叶紫茎，玄华黄实，名曰建木，百仞无枝，上有九欘，下有九枸，其实如麻，其叶如芒，大暤爰过，黄帝所为。"

《淮南子·地形训》亦曰："建木在都广，众帝所自上下。日中无景（影），呼而无响，盖天地之中也。"

《水经注》曰："昆仑说曰：昆仑之山三级，下曰樊桐，一名板桐；二曰玄圃，一名阆风；上曰层城（即增城），一名天庭，是为太帝之居。"

《洞真太霄隐书》曰："昆仑山高平地三万六千里，上有三隅，面方万里，形似偃盆。其一隅正北，主于辰星之精，名曰阆风台；一隅正西，名曰玄圃台；一隅正东，名曰昆仑台。又有北户山、承渊山，并是其枝干。"

《河图括地象》说："地中央曰昆仑。昆仑东南，地方五千里，名曰神州，其中有五山，帝王居之。"郑玄注："神州，晨土，即所谓齐州，中国之地也。"

从上面复杂的记录再结合其他省略的内容，可以总结出昆仑山有如下特征：昆仑山就是一座神仙居住的又能通天的"神山"；位于"地中"或"西北"；有通天神柱，即"天柱""建木"；"都广"就是"都黄"，即"黄都"；山主是西王母，"陆吾"就是镇山虎神，"开明"就是"启明"即金星——金神蓐收，它们的属性都等同于"白虎"，主生死之神；山上还有"不死树"；有三级。

"昆仑"一词可能就是岁星纪年的十二岁（年）名的"困敦"，郭沫若认为是来源于古巴比伦天蝎座名GIR.TAB的音译，后来又演变为混沌、浑敦、混沦等等。我国古代有崇拜天蝎座的"大火星"（心宿二）的氏族，如陶唐氏、伊祁氏和子姓的商人等，他们都属于困敦氏，也就是浑敦氏。这些氏族初居于泰山周围，故泰山称为昆仑之虚。至于"昆仑之虚有三级"，泰山的南坡的确是分为三级，从山下的岱庙到一天门为一级，从一天门到中天门为二级，从中天门到岱顶（包括南天门和玉皇顶）为三级。

直接的文献中大多都说"昆

坛庙建筑

103

仑之虚在西北"。但《山海经》是夏朝遗民的传说，他们还沿用了故国夏王朝时期的疆域范围。关于夏王朝的疆域范围，就是以今山东省为中心，渐及其周边地区。在山东省中部有一大片山地，称为"鲁中南山地丘陵区"，泰山的位置正在这片丘陵区的西北角上，也恰好在山东省地图的西北方向，这便是《山海经》说昆仑之虚"在西北"的意思。如果再把地域范围扩大到燕山山脉以东的广大地区的范围来看，泰山就又是位于"天地之中"了。与昆仑相关的内容也绝不是秦汉时期才出现，《楚辞·离骚》有"朝发轫于苍梧兮，夕余至乎县（悬）圃。"《楚辞·天问》有"昆仑县（悬）圃，其尻（居）安在？增城九重，其高几里？四方之门，其谁从焉？西北辟启，何气通焉？"等相关的诗句。

从夏至周，北郊祭祀的地祇就是神话中主生死的西王母的原型，最早的称谓就是"后土"。另外，昆仑既然也是通天的"阶梯"，那么历代帝王的封禅就是告慰上天。但封禅活动与对以"西王母"为代表的地祇的祭祀孰先孰后，根本就无法考证了。

秦国似乎没有祭祀"后土"的传统。秦始皇统一中国后曾于泰山封禅，东游海上，行礼祠名山川及八神，求访古仙人羡门之故里。在山东齐地，自古有祭祀八神之旧俗，传说自姜太公以来就有，到秦始皇时期便早已废祀，"莫知起时"。

《史记·封禅书》说："八神，一曰天主，祠天齐：天齐渊水，居临菑南郊山下下者；二曰地主，祠泰山梁父：盖天好阴，祠之必于高山之下，小山之上，命曰'畤'，地贵阳，祭之必于泽中圜丘云；三曰兵主，祠蚩尤：蚩尤在东平陆监乡，齐之西竟（境）也；四曰阴主，祠三山；五曰阳主，祠之罘（fú）山；六曰月主，祠莱山：皆在齐北，并（傍）勃海；七曰日主，祠盛山，盛山斗（陡）入海，最居齐东北阳，以迎日出云；八曰四时主，祠琅邪：琅邪在齐东北，盖岁之所始。皆各用牢具祠畤……"这也间接地证明，对"后土"的祭祀活动最早主要是生活在齐地附近的先民。

上文中值得注意的是与"地主"相关的文字，"地贵阳，祭之必于泽中圜丘云。"这里提到的"圜丘"是圆形的祭坛，其形式可能就来源于如《山海经·大荒西经》所载"其（昆仑）下有弱水之渊环之"的概念。

秦始皇统一六国后曾焚书坑儒，有关祭祀内容的礼经多已消失，连年的征战又使得"祠祀未修"。汉高祖定天下后，服务于典礼的女巫等曾紧缺，高祖便"诏御史置祠祀官、女巫"，主要措施是招揽全国各地原专职的女巫负责不同的祭祀活动。

根据《汉书·郊祀志》记载，汉文帝十六年（前164年），文帝派遣官吏在汾阴县的黄河岸边修建后土祠。汉武帝元鼎四年（前113年），武帝在雍县（今陕西凤翔县南）祭天后，对大臣们说："今上帝朕亲郊，而后土无祀，则礼不答也。"便让大臣们讨论祭祀后土事宜。太史令司马谈和祠官宽舒商议后回答说："天地牲角茧粟。今陛下亲祠后土，后土宜于泽中圜丘为五坛，坛一黄犊牢具，已祠尽瘗……"于是汉武帝东巡至汾阴。汾阴男子公孙滂洋等见汾旁有光如绛，汉武帝便令"立后土祠于汾阴"，建成后，武帝率领群臣到汾阴祭祀后土，"亲望拜，如上帝礼"。

太史令司马谈是司马迁的父亲，他的家乡夏阳（今陕西韩城）与汾阴仅一水之隔。司马谈作为史官，熟悉历史上的祭祀情况和汾阴县的风土人情，所以向汉武帝提出了这样的建议。汉武帝先后六次到汾阴祭祀后土，并在后土祠建造了一座万岁宫。之后的汉宣帝两次到汾阴祭祀后土，汉元帝三次到汾阴祭祀后土。

《汉书·郊祀志》中记载，汉成帝初即位，丞相匡衡建议对祭祀内容进行重大改革，和御史大夫谭奏言："帝王之事莫大乎承天之序，承天之序莫重于郊祀，故圣王尽心极虑以建其制。祭天于南郊，就阳之义也；瘗地于北郊，即阴之象也。天之于天子也，因其所都而各飨焉。往者，孝武皇帝居甘泉宫，即于云阳立泰畤，祭于宫南。今行常幸长安，郊见皇天，反北之泰阴，祠后土，反东之少阳（东宫），

TEMPLE ARCHITECTURE

事与古制殊……昔者周文、武郊于丰、镐，成王郊于洛邑。由此观之，天随王者所居而飨之，可见也。甘泉泰畤、河东（指汾阴）后土之祠宜可徙长安，合于古帝王。愿与群臣议定。"右将军王商、博士师丹、议郎翟方进等五十人也认为："兆于南郊，所以定天位也。祭地于大折，在北郊，就阴位也。郊外各在圣王所都之南、北……天地以王者为主，故圣王制祭天地之礼必于国郊。长安，圣主之居，皇天所观视也。甘泉、河东（指汾阴）之祠非神灵所飨，宜徙就正阳、大阴之处。违俗复古，循圣制，定天位，如礼便。"

匡衡等人不仅认为不在都城的南北郊祭祀天神与地祇有违古意，且到汾阴祭祀后土，要"渡大川，有风波舟楫之危"，固建议把对后土的祭祀活动改在长安北郊，把祭天的活动改在长安南郊。汉成帝采纳了他们的建议，暂把祭天和祭地的活动改在长安近郊举行，不再去汾阴祭祀后土了。

但第二年，匡衡因事被罢了官，朝野上下都认为这是对匡衡的报应，认为他不应该建议皇帝轻易改变祭祀的地点和内容。并且甘泉泰畤被废不久，"大风坏甘泉竹宫，折拔畤中树木十围以上百余"，导致"天子异之，以问刘向"。刘向答："家人尚不欲绝种祠，况于国之神宝旧畤！且甘泉、汾阴及雍五畤始立，皆有神祇感应，然后营之，非苟而已也……《易大传》曰：'诬神者殃及三世。'恐其咎不独止禹等。"成帝听后，很后悔之前采纳了匡衡等人的建议。但更不幸的是成帝无子嗣，在太皇太后的干预下，成帝决定恢复了甘泉泰畤的祭天，汾阴后土祠祭地，雍五畤，长安、雍及郡国原著名祠坛一半的祭祀活动。并于永始四年（前13年）三月，率群臣渡黄河，到汾阴祭祀后土。其后，汉成帝又先后三次到汾阴祭祀后土。

成帝死后，新的皇太后下诏恢复在长安北郊祭祀地祇。平帝继位后，又改地祇与天神合祭于南郊坛。

平帝元始五年，大司马王莽热衷于祭祀的改革，奏言："……臣谨与太师孔光、长乐少

府平晏、大司农左咸、中垒校尉刘歆、太中大夫朱阳、博士薛顺、议郎国由等六十七人议，皆曰宜如建始时丞相衡等议，复长安南、北郊如故。"致使"三十余年间，天地之祠五徙焉"。

后王莽又奏请把地祇后土"提拔"为"皇地后祇"。

东汉建都洛阳，光武中元二年，在洛阳北郊四里之处建方坛，四面各一陛。祭祀地祇时配祭太后及五岳、四海、四渎。

东汉建武十八年（42年），光武帝率群臣到汾阴祭祀后土。这是汉朝皇帝最后一次到汾阴祭祀后土。

从汉末至南北朝时期的"营北郊"，史书上记载较为清晰的基本上又始于梁武帝。《通典》载："梁武帝制，北郊，为坛于国之北。坛上方十丈，下方十二丈，高一丈。四面各一陛。其为外壝再重。常与南郊闲岁。正月上辛，祀后土于坛上，以德后配。礼以黄琮。五官、先农、五岳及国内山川，皆从祀。"

值得注意的是，祭祀的内容是以"先农"等配"后土"，说明了"皇地祇""后土""神农"等具有相同或相似的属性。

《隋书·志·礼》说："（后齐）方泽为坛在国北郊。广轮四十尺，高四尺，面各一陛。其外为三壝，相去广狭同圆丘。壝外大营，广轮三百二十步。营堑广一十二尺，深一丈，四面各通一门。又为瘗坎于坛之壬地，中壝之外，广深一丈二尺。"

后周的地祇坛比较奇特，于北郊建两坛，其中东边一坛是两层的八边形，每边都有台阶，踏步高一尺。底层高一丈，边长六丈八尺，上层高五尺，边长四丈。坛外有两重坛墙，最外层坛墙直径达一百二十步，内层坛墙在坛边与外层坛墙正中。祭祀的内容又是以神农配地祇；西边的名神州坛，方形，高一丈，边长四丈，以周文王的远祖献侯莫那配祀。在这时又出现了"神州坛"这一新的祭祀内容。

《通典》说："其神州地祇，谓王者所卜居吉土，五千里之内地名也。先儒皆引禹受《地统》书云'昆仑东南地方五千里，名曰神州'是也。"

隋因周制，夏日至祭皇地

坛庙建筑

祇，于宫城北郊十四里为方坛，共两层，每层高五尺。下层边长十丈，上层边长五丈。在上层坛以太祖武元配地祇，在第二与第八级台阶及下层坛上随祀"神州、迎州、冀州、戎州、拾州、柱州、营州、咸州、扬州，其九州山、川、林、泽、丘陵、坟衍、原隰。"

《通典》说："大唐制，夏日至祭皇地祇，于宫城之北郊十四里为方丘坛，因隋制，以景帝配，神州、五方、岳、镇、海、渎、山林、川泽、丘陵、坟衍、原隰，皆从祀。地祇配帝在坛上。神州在坛第二层坛上。五岳以下三十七座，于坛下外壝之内。丘陵等三十座于壝外。"

可以看出，这一时期的郊祭地祇的内容已经很复杂，要配祭各种其他地祇类的自然神。当然，具体配祭的内容也有过多次的变动。另外，在唐朝的一段时期内也单独祭祀过"神州"之神。《旧唐书》记载："礼部尚书许敬宗奏：'方丘祭地之外，别有神州，谓之北郊。地分为二，既无典据，又不通。请合为一祀。'"

唐玄宗时期，"地祇坛"的形制为"八边形，三层，层高四尺，上层对边宽广十六步，设八陛。上层陛宽八尺，中层陛宽一丈，下层陛宽一丈二尺。"

由此看来，地祇坛的形制有过多种不同的变化，四边形的坛应取自"天圆地方"，八边形的坛可能取自地有八个方位之说。

《旧唐书·张说传》记载，唐玄宗开元十年（722年），大臣张说向唐玄宗上奏说："汾阴脽上有汉家后土祠，其礼久废，陛下宜因巡幸修之，为农祈谷。"

张说的建议是让玄宗到汾阴"祈谷"，这与汉代在汾阴的祭祀目的有着很大的不同，且唐代原本已经有在祭祀天神的圆丘祈谷的诉求内容了。

《旧唐书·志·第四》也说，汾阴后土之祀，自汉武帝后基本上废而不行。玄宗开元十年，玄宗自东都洛阳北巡，幸太原后回到长安下诏说："王者承事天地以为主，郊享泰尊以通神。盖燔柴泰坛，定天位也；瘗埋泰折，就阴位也。将以昭报灵祇，克崇严配。爰逮秦、汉，稽诸祀典，立甘泉于雍畤，定后土

于汾阴，遗庙巍（nì，高耸）然，灵光可烛。朕观风唐、晋，望秩山川，肃恭明神，因致禋敬，将欲为人求福，以辅升平。今此神符，应于嘉德。行幸至汾阴，宜以来年二月十六日祠后土，所司准式。"

开元十一年（723年），开元二十年，唐玄宗两次到汾阴祭祀后土。在开元十一年祭祀后土时，于后土祠掘得两尊古代宝鼎，便将汾阴县改为宝鼎县。

五代时期战乱频繁，对郊祭类内容的记录，远不如对宗庙类祭祀内容描述得丰富，但在只言片语中提到的北郊祭祀地祇之地都会称为"方泽"，说明祭祀地祇的建筑形式在这一时期已经基本固定化了。

《宋史·志·礼》说："五礼之序，以吉礼为首……夏至祭皇地祇，孟冬祭神州地祇……"也曾有过在南郊圆丘上合祭天神与地祇，或在圆丘旁另建方丘单独祭祀地祇的情况；有过把北郊的祭坛建成圆丘形式，或地祇坛与神州坛分立的情况等等。

《宋史·志·礼》载："政和三年，诏礼制局议方坛制度……礼制局言：'方坛旧制三成（层），第一成（层）高三尺，第二成（层）第三成（层）皆高二尺五寸，上广八丈，下广十有六丈。夫圜坛既则象于干，则方坛当效法于坤。今议方坛定为再成（层），一成（层）广三十六丈，再成（层）广二十四丈，每成（层）崇（高）十有八尺，积三十六尺，其广与崇（高）皆得六六之数，以坤用六故也。为四陛，陛为级一百四十有四，所谓坤之策百四十有四者也。为再壝，壝二十有四步，取坤之策二十有四也。成与壝俱再，则两地之义也。'斋宫大内门曰广禋，东偏门曰东秩，西偏门曰西平，正东门曰含光，正西门曰咸亨，正北门曰至顺，南内大殿门曰厚德，东曰左景华，西曰右景华，正殿曰厚德，便殿曰受福、曰坤珍、曰道光，亭曰承休，后又增四角楼为定式。"

礼制局规划的方坛之制在各个方面均符合了关于地祇本意的一切思想内涵：以"阴坤"为依据，坛两层两壝，四面出陛（台阶），坛高与边长都符合阴数，并为最大阴数"六"的倍数。只

TEMPLE
ARCHITECTURE

是其中没有提到有无"坎泽"，即坛四周灌水的方池，水也属阴。方坛也不是孤立的，配有四大殿、一（宰牲）亭、围墙和四个角楼。

北京地坛里的皇地祇坛（方泽坛）

另外，天神的"五佐臣"以及所有类型的地祇都在这里配祭。前面提到的"神州地祇"也不单独立坛祭祀，并在祭祀的神祇中单列了地位不高但与中岳相配的"土神后土"。至此，地祇的内容进一步分化了。

北宋大中祥符三年（1010年），在河中知府和朝中文武百官的请求下，宋真宗同意在次年春到河东祭祀后土。第二年，派兵士五千人修筑通往后土祠的道路，责成有关官员制订祭祀的礼仪程序，并对后土祠进行了

大规模的维修和扩建，行宫祠庙，缔构一新，还在后土祠内新塑了后土圣母像。经过整修扩建的后土祠，庄严宏巨，当时号称"海内祠庙之冠"。宋真宗在大中祥符四年春天，率文武百官到河东祭祀后土，其礼仪十分隆重，史称"跨越百王之典礼"。祭祀活动结束后，宋真宗在后土祠旁边的穆清殿大宴群臣，"赐父老酒食衣帛"。宋真宗还亲自写了一篇《汾阴二圣配飨铭》，追述汉唐祭祀后土之盛况，表达宋代敬奉后土圣母之诚心。在大中祥符四年祭祀后土时，宋真宗在黄河岸边看到"荣光溢河"，即祥瑞之光出于后土祠旁的黄河中，便下令改宝鼎县为荣河县，以资纪念（荣河县的名称一直沿用到1954年）。

宋哲宗元祐二年（1087年），因后土祠年久失修，庙貌颓坯，官方又派人对后土祠进行了一次大规模的维修，"东西饰

御碑之楼，四角葺城隅之缺。金字榜碑，绘彩焕烂。前殿后寝，革故翻新。"竣工之日，"邦人瞻观，远近为之欢欣鼓舞，携带老稚来歆享，益加敬焉。"（宋杨照《重修太宁庙记》）

现祠内明天启年间重刻的金代庙图碑上，记载了宋代以前历朝立庙致祠实迹。据图碑所示，祠南北长732步，东西阔320步，采取了规整对称的群体布局方式。基地南北纵长，可分为前后两部，前部甚大，纵长方形，后部较小，半圆形。祠门五间，九脊顶，左右以廊庑各接掖门和左右角楼。门外有一横长外院，以三座棂星门为院门。祠门内有三重横长院落，中轴线上各建院门，院内对称各有楼阁和其他次要建筑，第三重院东西又各接出一方形小院，再后即为主体廊院。廊院平面呈日字形，有院门，日字的正中一横为主殿坤柔

殿，九间，重檐四阿顶，殿前正中有名为路台的方形平台一座，左右各立乐亭，殿后设中廊与寝殿连成工字殿。此廊院东西各有小殿三座，皆面向廊院，并设横廊与廊院之东西廊相连。寝殿后高台上有三间小殿，台左右以围墙与北部两角楼相连，这两座角楼与南面角楼之间为高墙。半圆形部分前为平面H字形高台，上建小亭，台后为一横墙，墙后中间是一三合小院，左右配殿，正

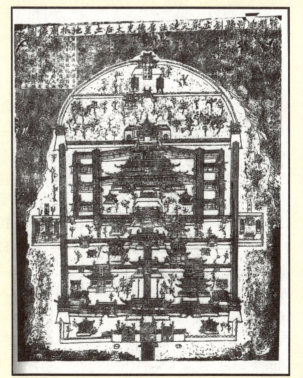

金刻《后土皇地祇庙像图》碑拓本

北宋汾阴后土祠复原图

中高台上建重檐九脊顶建筑一座，其北围绕半圆形院墙。

后土祠的总布局方式和古代宫殿及寺庙等没有大的不同，主体部分取回廊院及呈日字形，在唐代敦煌壁画中已可见到，此院左右各接小院也是唐代就有的传统，工字殿屡见于宋、金宫殿和其他祠祀如河南济渎庙、中岳庙等，前殿后寝也早已有之。庙像图在中国古代第一次完整地表现了全部组群的格局。

《金史·礼·郊》说：北郊方丘，在（汴梁）通玄门外，当阙之亥地。方坛三成（层），成为子午卯酉四正陛。方渍三周，四面亦三门。"

元定都北京以后，大规模的

城市建设堪比汉唐，礼制建筑的建设也是明清两代同类建筑的基础，只有北郊之坛是个例外。元朝皇帝比较重视祭祀天神，虽大臣多次建议设立"北郊"并有完备的设计方案，但对地祇的祭祀至多是在南郊别立皇地祇坛。

《明史·志·礼一》载："洪武元年，中书省臣李善长等奉敕撰进《郊祀议》……太祖如其议行之。建圜丘于（南京）钟山之阳，（建）方丘于钟山之阴。三年，增祀风云雷雨于圜丘，天下山川之神于方丘。七年，增设天下神祇坛于南北郊……方丘坛二成（层）……"

明成祖定都北京后（1421年），在今天北京的天坛内合祭天神地祇，直到明嘉靖九年（1530年）定立四郊分祀的制度以后，才于城北郊另建坛祭地，当时称作方泽坛。嘉靖十三年（1534年），改名为地坛。清乾

TEMPLE ARCHITECTURE

隆年间曾改建了主体建筑方泽坛，并增建和改建其他建筑，形成了地坛现在的形制。

## 北京地坛

北京地坛位于安定门外，布局以北向为上，由两重正方形坛墙环绕，分成内、外坛。内坛墙四面辟门，外坛墙仅西面辟门。外坛门至安定门外大街之间是一条坛街。街西端有三间四柱七楼木牌楼一座，是进入地坛的前导和标志。

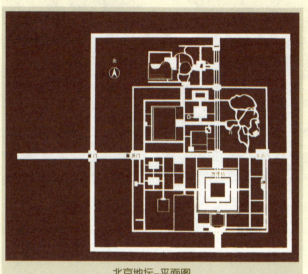

北京地坛-平面图

北京地坛-钟楼

坛庙建筑

TEMPLE ARCHITECTURE

北京地坛–神马圈外景

内坛中轴线略偏于东部。主要建筑有三组，方泽坛和皇（地）祇室在中轴线上，方泽坛西侧有神库和宰牲亭等建筑群；西北有斋宫、钟楼、神马圈等附属建筑。

方泽坛是地坛的主体建筑，平面为正方形，以水渠环绕象征

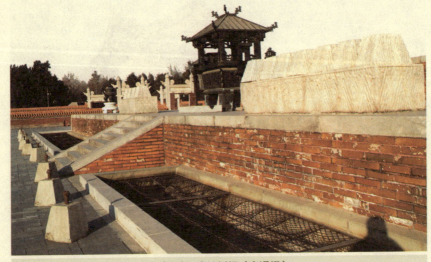

北京地坛–皇地祇坛（方泽坛）

"泽中方丘"。

皇（地）祇室位于方泽坛南侧，北向五开间。有围墙，北向一门，围墙和门楼覆黄琉璃瓦。殿内供奉皇地祇神位。殿内彩画是清乾隆原貌，为双凤和玺彩画。

北京地坛–神库外景

神库等小建筑群建于明嘉靖九年（1530年），由四座五开间的悬山式大殿和两座井亭组成。正殿叫"神库"，是存放迎送神位用的凤亭（抬"皇地祇"神位的轿子）、龙亭（抬配祀、从祀诸神位的轿子）以及遇皇（地）祇室修缮时临时供奉各神位的地方。东配殿为"祭器库"，西配殿为"神厨"，南殿为"乐器库"。东、西井亭专为方泽坛内

北京地坛–皇地祇室

坛庙建筑

泽渠注水和为神厨供水。南殿及两井亭于清乾隆十四年建成。

西北斋宫为皇帝祭祀前才吃斋驻跸之所，朝东，正殿七间，基座上共有五组台阶，东面正中台阶中九级，左右俱七级；南北各有一组台阶，各七级。左右配殿各七间，东北有一钟楼。宫墙周长350多米，东面有三座门。

《清史稿·志·礼一》载："方泽北乡，周四十九丈四尺四寸，深八尺六寸，宽六尺，祭日中贮水。二成（层），上成（层）方六丈，二成（层）

北京地坛-斋宫东门

方十丈六尺，合六八阴数。坛面甃黄琉璃，每成（层）陛四出，

北京地坛-宰牲亭

北京地坛–皇地祇坛陪祭山岳拜石

坛庙建筑

俱八级。二成（层）南列岳镇五陵山石座，镂山形；北列海渎石座，镂水形：俱东西向。内壝方二十七丈二尺，高六尺，厚二尺。正北门三，石柱六。东、西、南门各一，石柱二。北门外西北瘗坎一……雍正八年，重建斋宫，制如旧。乾隆十四年，以

北京地坛–北内棂星门

北京地坛-南内棂星门

TEMPLE ARCHITECTURE

皇祇室用绿瓦乖黄中
制，谕北郊坛砖壝瓦
改用黄。明年，改筑
方泽墁石，坛面制视
圜丘。上成石循前
用六六阴数，纵横
各六，为三十六。
其外四正四隅，均
以八八积成，纵横
各二十四。二成倍上
成，八方八八之数，
半径各八，为六八阴
数，与地耦义符。寻
建东、西、南壝门外
南、北瘗坎各二。又
天、地二坛，立陪祀
官拜石如其等。"

北京地坛-望灯台

北京地坛-从皇地祇院北望南外棂星门

## 汾阴后土祠

汾阴后土祠位于现山西省万荣县西南40公里处黄河岸边庙前村北。该祠在明以前是皇家祭祀圣地，但宋代以后，皇帝便没有亲祭过，而从明代以后逐渐属地方或民间祭祀的庙宇。

明万历年间，由于黄河冲刷引起塌陷，后土祠择地迁建。清顺治十二年（1655年），黄河泛滥，后土祠被淹，只留下门殿及秋风楼。到康熙元年（1662年）秋，黄河决口，后土祠建筑荡然无存。清同治九年（1870年），荣河知县戴儒珍将此祠移迁于庙前村北的高崖上，这就是现在的后土祠。

现存有山门、戏台、献殿、正殿、东西青龙白虎配殿及秋风楼等。主要建筑秋风楼，位于祠的最后，凭河而立，崇峻壮丽。楼身分三层，砖木结构，十字歇山顶，高32.6米，下部筑以高大的台阶，东西贯通，其上各雕横额一方，东曰"瞻鲁"，西曰"望秦"。正面门额嵌有"汉武帝得鼎"和"宋真宗祈祠"石刻图。全楼结构玲珑，形制劲秀，因三层藏有元至元八年（1271年）镌刻的汉武帝《秋风辞》碑而得名。

坛庙建筑

# 3.【从山川祭坛到岳渎庙】

《史记·封禅书》说："《尚书》曰：舜在璇玑玉衡，以齐七政。遂类（祭）于上帝，禋（祭）于六宗，望（祭于）山川，遍（祭于）群神。辑（收取）五瑞（玉），择吉月日，见四岳诸（侯）牧（守），还瑞（玉）。岁二月，东巡狩，至于岱宗。岱宗，泰山也。柴，望秩于山川。遂觐东后。东后者，（东方）诸侯也。合时月正日，同律度量衡，修五礼，五玉、三帛、二生、一死贽（zhì，礼物）。五月，巡狩至南岳。南岳，衡山也。八月，巡狩至西岳。西岳，华山也。十一月，巡狩至北岳。北岳，恒山也。皆如岱宗之礼。中岳，嵩山也……天子祭天下名山大川，五岳视三公，四渎视诸侯。诸侯祭其疆内名山大川。四渎者，江、河、淮、济也。"

五岳的详细记载，较早见于秦汉时代的古籍《尔雅·释山》。封禅名山，可能最早为上古帝王巡守疆土、炫耀武功的产物。

在五岳中，泰山的功能比较特殊，为主要"封禅"地。其含义在上一节中已经讲到，此处不赘述。祭山的仪式中的重要内容是"柴"，即焚烧柴薪，以此又说明祭祀的是天神。又以"血祭"祭五岳，"阴祀自血起"，说明五岳自身也有神灵，属于地祇性质。

按照《史记·封禅书》所说，有着政治意义的封禅活动似乎有着悠久的历史，"自古受命帝王曷尝不封禅？"听司马迁的口气，古来受命帝王必行封禅，封禅的历史"远者千有余载，近者数百载"。但究实而言，他罗列的多是些传说资料。比如，上文他引用《尚书·尧典》，叙述了传说中舜祭祀上帝、山川诸

神的情形。还引述过春秋时期齐桓公称霸后欲封禅的故事，即葵丘会盟之后，齐桓公想封禅，管仲劝阻道："古者，封泰山禅梁父者七十二家，而夷吾所记者十有二焉。昔无怀氏封泰山，禅云云；虙（伏）羲封泰山，禅云云……皆受命然后得封禅。"

这番话的意思是只有当发生了改朝换代的时候，新王朝的开国帝王才会举行封禅典礼，目的在于向天下昭示"受命"。桓公虽说尊王攘夷，功勋卓著，但当时并非改朝换代，因而不宜封禅。桓公不同意，说他虽然没有得天命改朝换代，但他九合诸侯，一匡天下，诸侯听命，上古三代受命的禹、汤、文王，孰能胜此？一番劝阻无效后，管仲变换策略，称古人搞封禅，祭祀的时候需用如下祭品：鄗上的黍，北里的禾，江淮一带三脊的茅草，东海的比目鱼，西海的比翼鸟，此外还有十五种不期而至的祥瑞。可现在凤凰和麒麟没有露面，嘉禾没有生出；田里却蒿藜丛生，旷野里鸱枭四奔。这样的状况，怎么能搞封禅！经过管仲一番说教，齐桓公见自己远未具

备封禅的功德，只得作罢。

关于封禅的具体形式，"封"是指在山顶上建筑的坛，目的是为了接近众神所居的上天，便于向神灵禀告；"禅"是在山下特定的地方开辟场地以祭地。孟康说："封，崇也，助天之高也。"应劭说："封者，坛广十二丈，高二丈，阶三等，封于其上，示增高也……下禅梁父，祀地主，示增广。此古制也。武帝封广丈二尺，高九尺。"（《汉书·武帝纪》颜师古注引）。唐人张守节也说："此泰山上筑土为坛以祭天，报天之功，故曰封。此泰山下小山上除地，报地之功，故曰禅。"

对于封禅也有不同的说法。比如，有人认为"封"是指把皇帝的告天文书秘封起来，世人不得见："或曰：封者，金泥银绳，或曰石泥金绳，封之印玺也。"（《史记·封禅书》正义引）从史书的记载来看，对以上两种封禅的解释并不矛盾，合二为一基本上就是整个封禅活动的主要过程。

虽然封禅的主要目的是告慰上帝，昭示天下，但其中也包含

坛庙建筑

了对地域性地祇的崇敬，这才是"五岳"与"四渎"等本身的真正意思之所在。古代天子对"五岳"与"四渎"的祭祀，比起"封禅"来讲更为常态。

汉宣帝时，正式颁昭命名今河南嵩山为中岳，山东泰山为东岳，安徽天柱山为南岳，陕西华山为西岳，河北恒山（在曲阳西北）为北岳。隋文帝杨坚统一中国后，则确定今湖南的衡山为南岳，其后历代相沿不变。明代又改山西浑源的恒山为北岳，但因为路远难行，仍在河北曲阳行望祀遥祭之礼。一直到清顺治十七年，才移祀至山西浑源，最终使流传至今的五岳名山成为定制。

四渎为中国先民信仰的河神的代表。《尔雅·释水》："江、河、淮、济为四渎。四渎者，发源注海者也。"说明了奉江、河、淮、济为四渎的原因，是此四者均流入大海。《风惜通义·山泽》引《尚书大传》《礼三正记》继续解释说："渎者，通也，所以通中国垢浊，民陵居，殖五谷也。江者，贡也，珍物可贡献也。河者，播也，播为九流，出龙图也。淮者，均也，

均其物也。济者，齐也，齐其度量也。"这种解释虽然比较牵强，但其信仰则源于中国古代的自然崇拜。因为古人认为凡能出云为风雨见怪物的都是神，河流给人们丰富的水源，有可供给人们食用的各种鱼类，但有时也有威胁人类生命的各种怪物，于是对之产生敬畏之情，立庙祀之。至少从周朝开始，四渎神就作为河川神的代表，由君王来祭祀。

需要祭祀的不仅为五岳和四渎，祭祀的方式也不限于亲临。《通典》说："周制，四坎坛祭四方，四方即谓山林、川谷、丘陵之神。祭山林丘陵于坛，川谷于坎，则每方各为坛为坎。"即，祭祀这些自然神灵不是亲临现场祭祀，而是"望祭"，对五岳四渎也是可以如此，所谓"望祀谓五岳、四镇、四渎。"四镇是指东镇沂山（在山东省临朐县）、南镇会稽山（在浙江省绍兴市）、北镇医巫闾山（在辽宁省北镇县）、西镇霍山（即霍泰山，在山西省霍州市）。西汉宣帝时封霍山为中镇，改吴山为西镇（在陕西省宝鸡市西）。

秦并天下，始皇令祠官常

年依次祭祀名山川鬼神。自崤以东建立的名山大川祠有：太室（嵩山）、恒山、泰山、会稽（山）、湘山、济（水）、淮（水）等祠。自华山以西的山祠有：华山、薄山（襄山）、岳山、岐山、吴山、鸿冢、渎山（在蜀地），河祠有：河（在临晋）、沔（在汉中）、湫泉（在朝那）、江水（在蜀）等。建在咸阳附近的有：灞、浐、沣、涝、泾、渭、长水等祠。

《史记·封禅书》记载，秦始皇于定天下的第三年（前219年）到泰山封禅。东巡郡县，拜谒峄山祠（山东邹县），颂秦功业，于是"征从齐鲁之儒生博士七十人，至乎泰山下。"诸儒生建议说："古者封禅为蒲车"，即用蒲草包裹车轮，为的是"恶伤山之土石草木"，并且"埽地而祭，席用菹秸，言其易遵也。"始皇觉得此言论怪异，难施用，因此遣散了诸儒生。"而遂除车道，上自泰山阳至巅，立石颂秦始皇帝德，明其得封也。从阴道下，禅于梁父。其礼颇采太祝之祀雍上帝所用，而封藏皆秘之，世不得而记也。"

由于被召儒生博士的建议没有被采纳并被遣散，才有"始皇之上泰山，中阪遇暴风雨，休于大树下。诸儒生既绌，不得与用于封事之礼，闻始皇遇风雨，则讥之。"

汉孝文帝十二年（前168年），粮食欠收，于是文帝诏增修山川群祀。诏曰："比年五谷不登，欲增诸神祀。按王制曰：'山川神祇有不举者，为不敬。'今恐山川百神应典礼者，尚未尽秩。其议增修群祀宜享祀者，以祈丰年。"

汉武帝曾多次"因巡狩，礼其名山大川"，曾七次到泰山"封禅"。元封元年（前110年）三月，汉武帝曾率十八万大军从长安出发东巡。先到嵩山祭中岳，而后兴致勃勃地东往泰山封禅。此时泰山花草未生，登山未免扫兴，武帝便命人立石于泰山顶，自己则转而往海边巡游。四月，泰山草木已生，武帝返至泰山，自定封禅礼仪：至梁父山礼祠"地主"神；其后举行封祀礼，在山下东方建封坛，高九尺，其下埋藏玉牒书；行封祀礼之后，武帝独与已故将领霍去病

坛庙建筑

的儿子登泰山，行登封礼；第二天自岱阴下，按祭后土的礼仪，禅泰山东北麓的肃然山（今莱芜市西北）。封禅结束后，汉武帝在泰山脚下的明堂接受群臣朝贺，并因首次封禅改年号"元鼎"为"元封"。

汉光武帝刘秀也以"受命中兴"的理由，于建武三十二年（56年）二月东去泰山封禅。刘秀封禅泰山后，中国进入三国二晋南北朝等近五百年的大混乱大分裂时期，泰山也因此寂寞冷清了五百年。

对于山川一般性的祭祀，《通典》说："后汉章帝元和二年，诏祀山川百神应礼者。魏文帝黄初二年，礼五岳四渎……宋孝武帝大明七年六月，有司奏奠祭霍山……梁令郡国有五岳者，置宰祝三人，及有四渎若海应祀者，皆以孟春仲冬祀之。后魏景穆帝立五岳四渎庙于桑干水之阴，春秋遣有司祭。其余山川诸神三百二十四所，每岁十月，遣祠官诣州镇遍祀。有水旱灾厉，则牧守各随其界内而祈谒。王畿内诸山川，有水旱则祷之。太武帝南征，造恒山，祀以太牢。浮河、济，祀以少牢。过岱宗，祀以太牢。遂临江，登瓜步而还。后周大将出征，遣太祝以羊一，祭所过名山大川。"

隋制，天子行幸所过名山大川，则有司致祭。另祀四镇，还有冀州镇霍山，并就山立祠。祀四海，东海于会稽县界，南海于南海镇南，并近海立祠。

大唐武德、贞观之制，五岳、四镇、四海、四渎，年别一祭，各以五郊迎气日祭祀。

唐玄宗开元九年（721年）十二月，天台道士司马承祯言："今五岳神祠，是山林之神也，非真正之神也。五岳皆有洞府，有上清真人降任其职，山川风雨阴阳气序，是所理焉。冠冕服章，佐从神仙，皆有名数。请别立斋祠之所。"玄宗奇其说，因此下令在五岳各置真君祠一所。唐玄宗封泰山神为"天齐王"，华岳神为"金天王"，中岳神为"中天王"，南岳神为"司天王"，北岳神为"安天王"；河渎封为"灵源公"，济渎为"清源公"，江渎为"广源公"，淮渎为"长源公"；会稽山为"永兴公"，岳山为"成德公"，霍

山为"应圣公",医巫闾山为"广宁公",封太白山为"神应公";东海为"广德王",南海为"广利王",西海为"广润王",北海为"广泽王"。以后各朝对五岳四渎等封王不断。

《新唐书·志·礼》载:"岳镇、海渎祭于其庙,无庙则为之坛于坎,广一丈,四向为陛者,海渎之坛也。"另外,五岳、四海、四渎神祇也在"北郊坛"配祭。

宋真宗景德元年(1004年)九月,契丹大举入侵,寇准力主真宗亲征。在初战告捷后,契丹求盟。真宗厌战,与契丹定下了澶渊之盟。此战以后,宰相寇准的地位和声望与日俱增,这在吏治腐败的北宋朝廷中引起了波澜。王钦若说北宋与辽定下的澶渊之盟是耻辱之盟,但寇准让皇帝亲征就如把皇帝当作赌注。这不能不令真宗烦恼,致使寇准失宠,被罢为刑部尚书,知陕州。真宗改用王旦为宰相。

王钦若又提出了涤除澶州之耻的办法:"钦若度帝厌兵,即谬曰:'陛下以兵取幽燕,乃可涤耻。'帝曰:'河朔生灵始免兵革,朕安能为此?可思其次。'钦若曰:'唯有封禅泰山,可以镇服四海,夸示外国。然自古封禅,当得天瑞稀世绝伦之事,然后可尔。'既而又曰:'天瑞安可必得?前代盖有以人力为之者,惟人主深信而崇之,以明示天下,则与天瑞无异也。'帝思久之,乃可。"(《宋史·王旦传》)于是在王钦若、王旦等大臣的多方策划导演下,现"祥瑞"与"请命"等闹剧,后真宗在大中祥符元年(1008年)十月,赴泰山封禅。

真宗还到过澶州,祭河渎庙,诏进号"显圣灵源公"。到汾阴,祭后土。命陈尧叟祭西海,曹利用祭汾河。至潼关,遣官祠西岳及河渎,亲谒华阴西岳庙。至河中,亲谒河渎庙及西海望祭坛。

《金史·志·礼》载:"大定四年,礼官言:'岳镇海渎,当以五郊迎气日祭之。'诏依典礼以四立、土王日就本庙致祭,其在他界者遥祀。"

《元史·志·祭祀》载:"岳镇海渎代祀,自中统二年始。凡十有九处,分五道。后乃

125

TEMPLE ARCHITECTURE

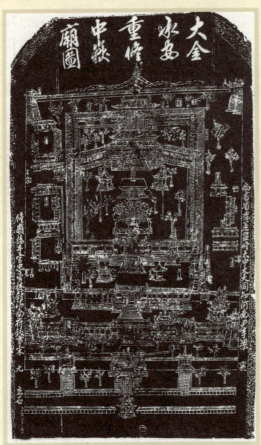

《大金承安重修中岳庙图》碑拓片

以东岳、东海、东镇、北镇为东道，中岳、淮渎、济渎、北海、南岳、南海、南镇为南道，北岳、西岳、后土、河渎、中镇、西海、西镇、江渎为西道。既而又以驿骑迁远，复为五道……至元二十八年正月，帝谓中书省臣言曰：'五岳四渎祠事，朕宜亲往，道远不可。大臣如卿等又有

国务，宜遣重臣代朕祠之，汉人选名儒及道士习祀事者。'"

《明史·志·礼》记载，洪武二年（1369年）建"天下神祇坛"于南京圆丘墠外之东，及方丘墠外之西。又建"山川坛"于正阳门外"天地坛"西，合祀诸神。据《大明会典》记载，山川坛有正殿七间，东西配房各十五间。洪武九年，复定"山川坛"制，凡十三坛。正殿放太岁、风云雷雨、五岳、五镇、四海、四渎、钟山七坛。东西庑各放三坛，东，京畿山川、夏冬二季月将；西，春秋二季月将、京都城隍。

永乐中，北京建"山川坛"。嘉靖十一年（1532年），改"山川坛"名为"天神地祇坛"，在神农坛之南。"天神坛"在左，南向，有云师、雨师、风伯、雷师四坛；"地祇坛"在右，北向，有五岳、五镇、五陵山、四海、四渎五坛。

北京先农坛-地祇坛
拜石（京畿河川）

北京先农坛-地祇坛
拜石（京畿山岳）

初定制，凡祭三等，第三等的群祀有五十三项，其中包括"其北极佑圣真君、东岳都城隍，万寿节祭之。"清朝顺治年间，曾以岳、镇、海、渎陪祀北郊方泽坛，以后又在南郊天坛西另建地祇坛，兼祀天下名

从祀，京畿山川，西向；天下山川，东向。

《清史稿·志·礼一》载清

山、大川，还修葺并利用先农坛附近明朝遗留的天神和地祇坛，也"望祭"或派大臣到五岳等现

北京先农坛-地祇坛拜石（四海）

坛庙建筑

127

场祭祀。另外据《清史稿》记载，乾隆皇帝也亲自祭祀过泰山和其他山川。

坛庙建筑在其发展的历程中又有其更复杂的一面，比如，原本为祭祀自然神——泰山神而建立的东岳庙，原本为祭祀地方保护神而建立的城隍庙等，很多都演变为了某种形式的道观。因为道教本身就是一种多神教，沿袭了中国古代把日月星辰、河海山岳以及祖先亡魂都奉为神灵的信仰习惯，形成了一个包括天神、地祇和人鬼复杂的神灵系统。这个系统与前面谈到的非宗教性的崇拜系统是同根同源的，内容也是相重叠的。而非宗教性崇拜与祭祀活动最早的主持与参与者，也就是儒生或道士的前身。

## 北京东岳庙

北京东岳庙位于北京朝阳门外大街。始建于元代，由玄教大宗师张留孙和其弟子吴全节募资兴建。鲁国大长公主也捐资兴建后殿，作为东岳大帝的寝宫。

玄教在元朝，因受到历代帝王的尊崇而盛极一时。但随着元朝的灭亡，玄教也从此退出了历史舞台。明成祖迁都北京后，将南京朝天宫的清微派道士禹贵黉委任为北京东岳庙住持，从此北京东岳庙的法派就不再是玄教，而是清微派了。

明英宗正统十二年（1147年），对东岳庙进行了修葺，英宗亲自撰写了《御制东岳庙碑》。此后，明、清两代先后多次对东岳庙进行了维修和扩建，逐渐形成了中路正院和东、西路跨院三部分组成的建筑格局。全

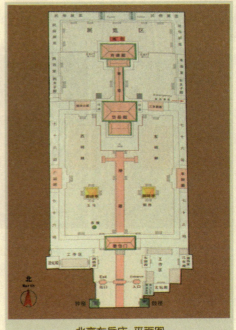

北京东岳庙-平面图

128

北京东岳庙-外景

分布着三茅君殿、炳灵公殿、阜财神殿、广嗣神殿以及七十六司、东西御牌楼等建筑。沿轴线的纵深方向，形成相对独立又相互连通的六进院落。

庙占地四万平方米，古建筑物三百余间，为清朝遗构，是道教正一派在华北地区最大的庙宇。

东岳庙的主体建筑集中在中路正院，布局整齐，规制宏丽，采用轴线对称的布局形式，将琉璃牌楼、庙门（已拆除）、钟鼓楼、洞门牌楼、瞻岱之门、岱宗宝殿、育德殿等依次排列在中轴

东岳庙的主殿是岱岳殿，雄踞于25米长、19米宽的台基上，前后殿均有抱厦，殿后有一穿堂，通向淑明坤德帝后宫——育德殿，这是典型的"前朝后寝"形式。殿内供奉着泰山神东岳大帝，被道教奉为幽冥世界的最高主宰。东岳大帝的祖庭在泰山岱庙，北京东岳庙乃是其行宫。

坛庙建筑

秩祀岱宗

北京东岳庙-琉璃牌楼

129

地府，有七十六个办事机构，称为七十六司。各司皆有神主，俗称判官。因此，北京东岳庙塑有七十六司神像，但因殿堂不足，有的殿只好让两个司合署办公，故七十六司共占用殿堂六十八间。

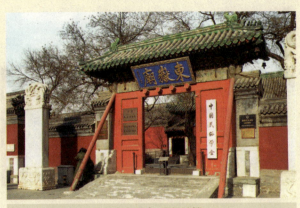

北京东岳庙—洞门牌楼

东岳庙除塑有东岳大帝和七十六司神像外，还供奉有其他众多的神灵仙真。据称，东岳庙曾供有三千尊神，号称神像最全。据1928年北平社会局对东岳庙的神像进行统计，那时尚有神像1316尊。东岳庙的神像中，既有天界至尊玉皇大帝、科举之神文昌帝君、伏魔大帝关圣帝君、荡魔天尊真武大帝、赐福赦罪解厄天地水三官大帝、众星之母斗姥元君等天界大神，又有保佑妇女儿童、赐子广嗣的碧霞元君、子孙娘娘，保佑人们发财的文武财神，赐给人们姻缘的月老，除瘟去疾的五瘟神、行医治病的药王、保护粮仓的仓神以及灶王爷等民俗之神，还有建筑业祖师爷鲁班、骡马驴行的祖师爷马王

爷、梨园界的祖师爷喜神等各种行业之神。

东岳庙的另一大特色是碑刻数量众多，为京城各庙之冠。由于碑刻散落在正院、东廊、西廊、北院各处，且排列不甚规整，故历次统计数目都有所差异，民间甚至流传"东岳庙

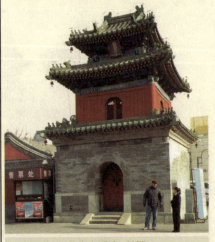

北京东岳庙—鼓楼

的碑数也数不清"的说法。文化大革命期间，庙内碑刻遭到严重破坏。1995年底东岳庙交归朝阳区文化文化局收归时，完好树立的碑仅存18通。1997年重修东岳庙时，又发现了许多被埋在地下的石碑。目前，中路正院共有石碑89通。

在历史上，有资料记载的碑刻就有163通。最早的碑刻是元天历二年（1329年）的《大元敕赐开府仪同三司上卿玄教大宗师张公碑》，最晚的是民国三十一年（1942年）立于新鲁班殿前的鲁班会碑。在众多碑刻中，最著名的就是由元代著名书法家赵孟頫撰写的《大元敕赐开府仪同三司

北京东岳庙-钟楼

上卿玄教大宗师张公碑》。

其他规模较大的岳庙为：山东泰安岱庙、河北曲阳北岳庙、陕西华镇街西岳庙、湖南衡阳南岳庙、河南登封中岳庙。

坛庙建筑

北京东岳庙-瞻岱门

# 4.【从蜡祭到城隍庙】

《礼记·郊特牲》说："天子大蜡八。伊耆氏始为蜡，蜡也者，索也。岁十二月，合聚万物而索飨之也。""蜡八"即腊月（"蜡"与"腊"相通）祭祀的八种神，为：先啬（神农）、司啬（后稷）、农（农夫）、邮表畷（茅棚、地头、井）、猫虎、坊（堤）、水庸（城隍）、昆虫。并说："八蜡以记四方。四方年不顺成，八蜡不通，以谨民财也。顺成之方，其蜡乃通，以移民也。既蜡而收，民息已。故既蜡，君子不兴功。"

直到宋朝，蜡祭内容有了很大的发展，《宋史·志·礼》中记载："大蜡之礼，自魏以来始定议。王者各随其行，社以其盛，腊以其终。……天圣三年，同知礼院陈诂言：'蜡祭一百九十二位，祝文内载一百八十二位，唯五方田畯、五方邮表畷一十位不载祝文。又《郊祀录》《正辞录》《司天监神位图》皆以虎为于菟，乃避唐讳，请仍为虎。五方祝文，众族之下增入田畯、邮表畷云。'元丰，详定所言：'……历代蜡祭，独在南郊为一坛，惟周、隋四郊之兆，乃合礼意。又《礼记·月令》以蜡与息民为二祭，故隋、唐息民祭在蜡之后日。请蜡祭，四郊各为一坛，以祀其方之神，有不顺成之方则不修报。其息民祭仍在蜡祭之后。'《政和新仪》：腊前一日蜡百神。四方蜡坛广四丈，高八尺，四出陛，两壝，每壝二十五步。东方设大明位，西方设夜明位，以神农氏、后稷氏配，配位以北为上。南北坛设神农位，以后稷配，五星、二十八宿、十二辰、五官、五岳、五镇、四海、四渎及五方山林、川泽、丘陵、坟衍、原隰、井泉、田畯，仓龙、朱鸟、麒麟、白虎、玄武，五水庸、五坊、五

虎、五鳞、五羽、五介、五毛、五邮表畷、五赢、五猫、五昆虫从祀，各依其方设位。中方镇星、后土、田畯设于南方蜡坛酉阶之西，中方岳镇以下设于南方蜡坛午阶之西。伊耆设于北方蜡坛卯阶之南，其位次于辰星。"

宋朝的蜡祭内容，基本被后世所延续。

城隍庙在腊祭中的地位比较特殊，具有普遍性，其最早起源于对水庸的祭祀。"庸"即是"城"，原指夯土筑的高墙；"水"即是"隍"，原指没有水的城壕。古人造城，修筑高大的城墙、城楼、城门以及城壕等，是为了保护城内居民的安全，城和隍便被神化为城市的保护神。道教把它纳入自己的神系，称它是剪除凶恶、保国护邦之神，并管领阴间的亡魂。

自三国开始，民间就有了城隍祠，记载最早的城隍祠便是239年孙权在安徽芜湖修建的。《北齐书·慕容俨传》记载，在郢城（今河南省信阳县南）亦建有城隍祠一所。到隋朝时，已有了用动物祭祀城隍的风俗，但当时的城隍神只是一个抽象的神，并没

有具体的姓名。

唐宋时期，信仰城隍已相当普遍，很多文人雅士，如杜甫、韩愈、张九龄、杜牧、李商隐等人都撰有祭祀城隍的诗文。在封建社会，人们都希望为官者能为民做主，体恤民众的疾苦，因此，对那些为人民做过好事的官员非常敬重，在他们死后便把他们作为城隍神供奉。

元代文宗天历年间，朝廷让城隍爷配享夫人，从此城隍庙里就有了寝殿，专门供奉城隍爷及城隍夫人。在明朝的国家吉礼中，把城隍定为"中祀"内容，与"岳镇""海渎""山川"等二十五项祭祀内容并列。

《明史·志·礼》对城隍后期的历史沿革记述得较清晰："洪武二年（1369年），礼官言：'城隍之祀，莫详其始。先儒谓既有社，不应复有城隍。故唐李阳冰《缙云城隍记》谓'祀殿无之，惟吴越有之。'然成都城隍祠，李德裕所建，张说有祭城隍之文，杜牧有祭黄州城隍文，则不独吴越为然。又芜湖城隍庙建于吴赤乌二年，高齐慕容俨、梁武陵王祀城隍，皆书于

坛庙建筑

TEMPLE ARCHITECTURE

史，又不独唐而已。宋以来其祠遍天下，或赐庙额，或颁封爵，至或迁就附会，各指一人以为神之姓名。按张九龄《祭洪州城隍文》曰：'城隍是保，氓庶是依。'则前代崇祀之意有在也。今宜附祭于岳渎诸神之坛。乃命加以封爵。京都为承天鉴国司民升福明灵王，开封、临濠、太平、和州、滁州皆封为王。

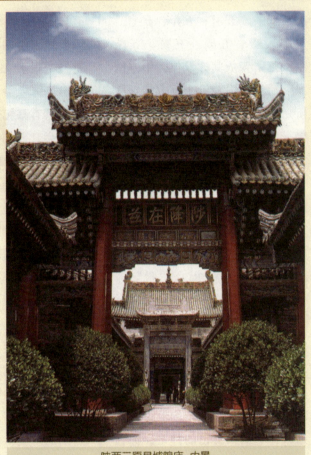

陕西三原县城隍庙-内景

其余府为鉴察司民城隍威灵公，秩正二品。州为鉴察司民城隍灵佑侯，秩三品。县为鉴察司民城隍显佑伯，秩四品。袞章冕旒俱有差。命词臣撰制文以颁之。三年，诏去封号，止称其府州县城隍之神。又令各庙屏去他神。定庙制，高广视官署厅堂。造木为主，毁塑像异置水中，取其泥涂壁，绘以云山。六年，制中都城隍神主成，遣官赍香币奉安。京师城隍既附飨山川坛，又于二十一年改建庙。寻以从祀大礼殿，罢山川坛春祭。永乐中，建庙都城之西，曰大威灵祠。嘉靖九年，罢山川坛从祀，岁以仲秋祭旗纛（dào）日，并祭都城隍之神。凡圣诞节及五月十一日神诞，皆遣太常寺堂上官行礼。国有大灾则告庙。在王国者王亲祭之，在各府州县者守令主之。"

《清史稿·志·礼》记载清代也把城隍定为"中祀"内容，并说："都城隍庙有二，旧沈阳城隍庙，自元讫明，祀典勿替。清初建都后，升为都城隍庙，有司以时致祭。其在燕京者，建庙宣武门内。顺治八年仲秋，遣太常卿致祭，岁以为常。用太牢，礼献如祀先医。万寿节遣祭，加果品。雍正中，改遣大臣，嗣复命亲王行礼。禁城城隍庙建城西北隅。皇城城隍庙建西安门内，曰永佑宫，万寿节或季秋，遣内府大臣承祭，用少牢。"

## 北京都城隍庙

北京都城隍庙位于西城区成方街33号，始建于元至元四年（1267年），名佑圣王灵应庙。元代天历二年（1329年），加封大都城隍神为护国保宁王。明永乐年间（1403–1424年）重修，改名大威灵祠，以后又多次重修、重建。庙坐北朝南，中轴线上有门三重：庙门、顺德门、阐威门，其他还有钟鼓楼、大威灵祠和寝祠、两庑以及宰牲所、井亭、燎炉、碑亭等。现存寝祠五间，建筑面积约420平方米。庙内有明英宗碑及清世宗、高宗碑，有康熙帝和雍正帝的题联。北京都城隍庙市曾是北京市著名庙会之一。

其他较大的城隍庙有：西安都城隍庙、上海城隍庙和陕西三原县城隍庙等。

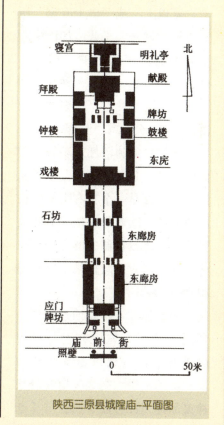

陕西三原县城隍庙-平面图

# 5.【从杂社到土地庙】

《礼记·祭法》说："大夫以下成群立社，曰置社。"郑玄注："百家以上则共立一社。"《汉书·五行志》又注曰："旧制，二十五家为一社。"这种"百家以上"或"二十五家"所立之社，就是天子或诸侯国中除了象征着国家权力的"国社"外，大量存在着的另一种社，如"书社""里社"，所祭之神在汉时曰"社公"或"土地"。

社神最初为阴性，后转换为阳性。"社公""土地"至少从汉代开始便是一个具有人格特征的拟人神，随着封建国家从中央到地方各级政权制度的完善，更将它视为与封建政权最下层官吏相当的一级小神。

在土地神人格化的过程中，各地土地神又先后有了各自的姓氏和名讳。此以道书所载为最早。约出于六朝之《道要灵祇神鬼品经·社神品》曰："《老子天地鬼神目录》云：京师社神，天之正臣，左阴右阳，姓黄名崇。本扬州九江历阳人也。秩万石，主天下名山大神，社皆臣从之。河南社神，天帝三光也，左青右白，姓戴名高，本冀州渤海人也。秩万石，主阴阳相运。……《三皇经》云：豫州社神，姓范名礼；雍州社神，姓修名理；梁州社神，姓黄名宗；荆州社神，姓张名豫；扬州社神，姓邹名混；徐州社神，姓韩名季；青州社神，姓殷名育；兖州社神，姓费名明；冀州社神，姓冯名迁……可使之赏善罚恶，救济苍生也。"

东晋以后，民间多奉一些生前做善事者或被认为廉正的官吏作土地神。最早一例为《搜神记》卷五所载之蒋子文，其文曰："蒋子文者，广陵人也。……汉末为秣陵尉。逐贼至钟山下，贼击伤额，因解绶缚之，有顷遂死。及吴先主（孙权）之初，其故吏见子文于道。……（子文）谓曰：'我当为此土地神，以福尔下民。尔可宣告百姓，为我立祠。不尔，将有大咎。'是岁夏，大疫，百姓窃相恐动，……议者以为鬼有所归，乃不为厉，宜有以抚之，于是（孙权）便使封子文为中都侯，……为立庙堂。"

山野中的微型土地庙

至宋代，洪迈《夷坚支志》记此类神话尤多：乙卷九称，南朝沈约因将父亲的墓地捐给湖州乌镇普静寺，寺僧们遂祀沈约为该寺土地；甲卷八，记陈彦忠死后作简寂观土地；戊卷四，记王仲寅死后作辰州土地；癸卷四，记杨文昌死后作画眉山土地等。《古今图书集成·神异典》亦多记人死为土地神之事。

宋以后，无论城乡、学校、住宅、寺观、山岳，皆有土地庙。凡有人烟之处，

有"忠贤"痕迹的小型土地庙

皆有供奉的香火。人们对土地的信仰，并不亚于城隍。且因其与人民最接近，对它颇有几分亲切感。人们希望它保佑五谷丰登，家宅平安，添丁进口，六畜兴旺。凡是在世间很难得到满足的愿望，都希望从它那里得到。明清以来，民间又多以历代名人作各方土地。

旧时的土地庙，一般都供一男一女两个神像，男的多为白发老叟，称土地公公；女的为其夫人，称土地婆婆。有的地区又称田公、田婆。土地配祀夫人，不知起于何时。宋洪迈《夷坚志补》卷十五《榷货务土地》载，"临安土地之夫人甚美"，证明至迟到南宋，土地已配祀夫人。《古今图书集成·神异典》卷四十八更记一则趣事云："中丞东桥顾公璘，正德间知台州府，有土地祠设夫人像。公曰：'土地岂有夫人！'命撤去之。郡

坛庙建筑

137

TEMPLE ARCHITECTURE

民居墙上的微型土地庙

人告曰：'府前庙神缺夫人，请移土地夫人配之。'公令卜于神，许，遂移夫人像入庙。时为语曰：'土地夫人嫁庙神，庙神欢喜土地嗔。'既期年，郡人曰：'夫人入配一年，当有子。'复卜于神，神许，遂设太子像。"

民间以二月二日为土地生日，到时，"官府谒祭，吏胥奉香火者，各牲乐以献。村农亦家户壶浆，以祝神厘。"

较大规模土地庙的形象等，可以从清朝的一则《重修土地祠碑文》中略见一斑："……凤治之西五十里有周村者，为通邑巨镇。比户殷繁，以千数计。其西北隅，旧有土地祠。庙宇层叠，望之蔚然。兼以地势崛起，北则临乎化阳，南则迎夫积翠；东望兮，文笔之峰秀列；西瞻兮，孝侯之坪遥会。而东西城外更有巨桥，其水声淙淙环抱，望西南以入沁。是举左右，高山大川灵威咸聚于斯庙，而因以庇荫于无穷也。余广文泽郡，因送学宪于析城界，便道周村，偶至兹庙。时正修饰，问及浩费，并未捐之里巷，惟数年收集社用，以成此广大规模。……于正殿而崇高之，东西上为看楼，下为憩所，南改为演戏台，并大庙各殿补茸，不胜枚举。"

## 曲阜土地庙

曲阜土地庙在山东曲阜孔庙内，位于圣迹殿东南，与焚帛所东西相对，是一处独立的小院。正房三间，灰瓦硬山顶，七檩四柱前后廊式木架，前为廊，门一间，砖墙承重，木过梁，灰瓦硬山顶。后土祠始见于金代庙图，位于寝殿以北偏东，是一处独立的庭院，正房、两厢各三间，门一间。明弘治火后，土地祠位于今处，但仅为孤立的正房。清雍正七年重修时，已成独立院落，形制与今存相同。围墙十六丈，门阔五尺二寸，正祠明间面阔一丈，二次间各面阔七尺，进深一丈七尺。其中前后廊各三尺，檐柱高八尺四寸，雅伍墨彩画。乾隆十三年维修，嘉庆二十一年正祠坍塌重建，1988年重修。

# 第五章
# 天 子 宗 庙

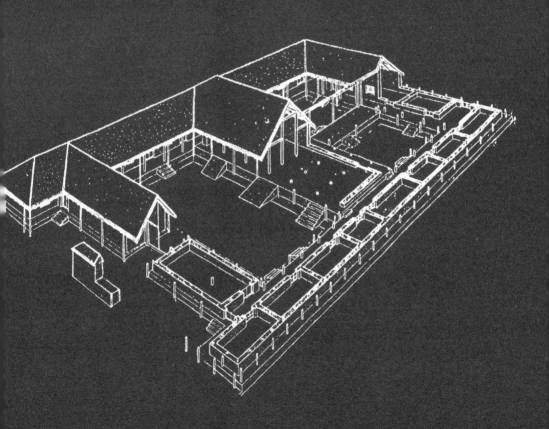

从远古到夏、商、周三代的祭祀对象，大致分为天神、地祇、祖先三大系统。商周两代，三大系统的重要性略有变化。上帝、祖先、日月星辰、山川百物，殷人皆祭拜，祭祀的典礼名目繁杂，祭品种类众多，甚至还有以人为牲的习惯。时移西周，祭祀之风本质渐易。虽然周人祭祀的对象也是上帝、祖先、日月星辰、山川诸物，然而他们的鬼神观念与殷商有别，对祖先的祭祀更趋于明朗化，这是对"人之出"认识的一大进步。当然，祖先与"天"的关系在前几章已经详细地论述过了，在此不再详赘。

《礼记·祭法》载："天下有王，分地建国，置都立邑，设庙、祧（tiāo）、坛、墠而祭之，乃为亲疏多少之数。是故王立七庙，一坛一墠，曰考庙，曰王考庙，曰皇考庙，曰显考庙，曰祖考庙，皆月祭之；远庙为祧，有二祧，享尝乃止；去祧为坛，去坛为墠，坛、墠有祷焉，祭之；无祷，乃止，去墠曰鬼。诸侯立五庙，一坛一墠，曰考庙，曰王考庙，曰皇考庙，皆月祭之；显考庙、祖考庙，享尝乃止；去祖

为坛，去坛为墠，坛、墠有祷焉，祭之；无祷，乃止，去墠为鬼。大夫立三庙二坛，曰考庙，曰王考庙，曰皇考庙，享尝乃止；显考、祖考无庙，有祷焉，为坛祭之，去坛为鬼。适士二庙一坛，曰考庙，曰王考庙，享尝乃止；显考无庙，有祷焉，为坛祭之，去坛为鬼。官师一庙，曰考庙，王考无庙而祭之，去王考为鬼；庶士、庶人无庙，死曰鬼。"上文所说的"考庙"是父庙，"王考庙"是祖父庙，"皇考庙"是曾祖父庙，"显考庙"是高祖庙，"祖考庙"是始祖庙，"祧庙"为"远庙"，是文王与武王庙，合起来就是"天子七庙"。墠为经过整治的郊野平地，也用于祭祀。如果连祭祀的平地都没有，也就是"去墠曰鬼"了。

《礼记·祭法》载："王为群姓立七祀，曰司命，曰中溜，曰国门，曰国行，曰泰厉，曰户，曰灶；王自为立七祀。诸侯为国立五祀，曰司命，曰中溜，曰国门，曰国行，曰公厉；诸侯自为立五祀。大夫立三祀，曰族厉，曰门，曰行。适士立二祀，曰门，曰行。庶士、庶人立一

祀，或立户，或立灶。"上文所说的"司命"是掌管人的生命的神，"中溜"是宅神或土神（中溜的本意是穴居屋顶中央的窗或指室的中央），"泰厉"是无祀君王之鬼，"公厉"是无祀诸侯之鬼，"族厉"是无祀大夫之鬼，"行"是出行之神，"户"是户神，"灶"是灶神。

《祭法》又载："王下祭殇五，适子，适孙，适曾孙，适玄孙，适来孙；诸侯下祭三；大夫下祭二；适士及庶人，祭子而止。"这里的"殇"是指未成年就夭折的后代。

从上面内容的统计来看，周天子祭祖的坛庙类建筑场所就有九个（七庙加一坛一墠，可能也是后世"王莽九庙"的依据），诸侯七个，大夫五个，适士三个，官师一个。在这里，"祀"与"殇"的祭祀场所不详，没有计算在内。

从考古发现来看，很多新石器时期文化遗址中的"大房子"便有庙的功能，只是更具体的使用情况不得而知。即使像牛河梁遗址中的"女神庙"，也不好断定"女神"的身份是祖先神还是自然神，或许两者在那个时期本身便没有分别。陕西省岐山县凤雏村出土的一组宗庙建筑遗址，为我们展现西周早期很具体的宗庙

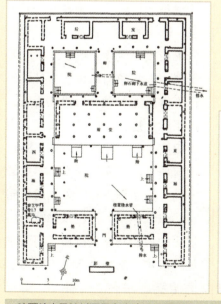

陕西岐山凤雏村西周宗庙遗址平面图

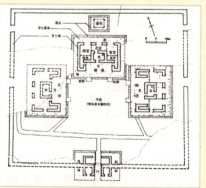

陕西凤翔马家庄秦国宗庙遗址平面图

陕西岐山凤雏村西周宗庙遗址复原图

一转折过程中，虽然"秦"这一国号未变，国家性质却发生了巨大变化。秦国的社会转型以商鞅变法为转机，但国庙制度的转型却延迟发生在秦统一中国以后。

《史记·秦始皇本纪》载，秦始皇死后，秦二世下诏增设秦始皇庙，要群臣商议如何安置。群臣说："古者，天子七庙，诸侯五，大夫三，虽万世，世不轶（迭）毁。今始皇为极庙，四海之内皆献贡职，增牺牲，礼咸备，毋以加。先王庙或在西雍，或在咸阳。天子仪当独奉酌祠始皇庙。自襄公已下轶（迭）毁。所置凡七庙，群臣以礼进祠，以尊始皇庙为帝者祖庙。"在朝臣们看来，秦帝国与原来的国家已经有了本质的不同，因而作为国家象征的皇庙自然也就不同，不应该继续沿用过去的祖庙制度。按照他们的意见，应该把秦始皇庙作为秦帝国的始祖庙——"极庙"，由帝国疆域内的全体臣民"皆献贡

建筑的形状；时间靠后的实物遗址是秦都故地雍城凤翔马家庄出土的秦国宗庙遗址。前者是一座有两进院落的四合院，后者是呈"品"字形排列的三座独立的建筑。

如果说先秦时代社会组织的基本细胞是族，那么秦汉及以后社会组织的基本细胞是家；先秦时代的国家是贵族国家，而秦汉及以后的国家是皇族国家。如果说贵族国家以族庙作为国家的标志，皇族国家则以皇家之庙作为国家的标志。

秦是中国古代社会转型中纵跨贵族国家和皇族国家的国度，从西周孝王时非子受封为诸侯，逐渐从血缘国家发展演变为统治空前广阔领土的地缘国家。在这

职"，由此而体现皇权一统天下之义。皇庙作为国庙，应该由"天子"亲自祭祀；而"先王之庙"依照所谓"古礼"仅保留七庙，由礼官负责祠祀。

秦王朝的大臣们声称"古者，天子七庙，诸侯五"，但秦国祖庙制度的现实却是"先王庙或在西雍，或在咸阳"，事实上在秦国并不存在所谓"七庙"制度或"毁庙"制度，否则就不会现在来搞"襄公已下轶毁"了。这表现出理想中的古制与自古延存下来实际情况有着很大的差别。所谓毁庙，是将庙主迁于太祖庙中，原庙不再修缮。

秦命短祚，二世而亡。作为第一个封建大帝国的秦王朝未能彻底解决皇庙制度问题，使得随后而立的汉帝国同样面临着建庙立制的基本任务。

刘邦建立汉朝以后，随即在帝国建立了祖庙。据《汉书·韦贤传》记载，高祖曾下令诸侯王国立太上皇——刘邦之父的宗庙，使刘家子弟皆得祭祖。可以想见，刘邦当时在首都长安也应该建立了太上皇庙。刘邦的这一做法似乎成了惯例，《汉书·惠帝纪》记载，惠帝时期在长安立了刘邦之庙——高庙之后，"令郡、诸侯王立高庙"，与此同时，"尊高庙为太祖庙"，确立了皇庙制度。

从景帝始就有不少立庙之争，到元帝时尤烈。元帝是西汉第八位皇帝，依照《礼记·王制》的模式，汉代的立庙之数又将要提到议事日程上来；削藩政策的实施，也使得当时的人们重新考虑皇庙置于郡国是否妥当。元帝好儒，儒者好古，第一个提出庙制问题的是贡禹。据《汉书·韦贤传》，贡禹奏言："古者，天子七庙。今孝惠、孝景庙皆亲尽，宜毁。及郡国庙不应古礼，宜正定。"按照贡禹的算法，他是把宣帝生父史皇孙、祖父戾太子庙包括在内的，否则，实际在位皇帝之庙只有七庙，不是九庙。元帝非常赞赏贡禹的意见，但未及实施而贡禹卒。

据《韦贤传》记载，到了永光四年（前40年），元帝下诏："往者，天下初定，远方未宾，因尝所亲以立宗庙……令疏远卑贱共承尊祀，殆非皇天祖宗之意，朕甚惧焉。"诏下，群儒

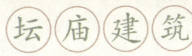
蜂起响应，称："立庙京师之居，躬亲承事，四海之内各以其职来助祭，尊亲之大义，五帝三王所共，不易之道也……《春秋》之义，父不祭于支庶之宅，君不祭于臣仆之家，王不祭于下土诸侯。臣等愚以为宗庙在郡国宜无修，臣请勿复修。"据《汉书·元帝纪》记载，这年冬十月乙丑，"罢祖宗庙在郡国者"，第一次中止郡国立皇庙。大约过了一个月，元帝又下诏毁亲尽之祖庙："盖闻明王制礼，立亲庙四，祖宗之庙万世不毁。"

又据《韦贤传》记载，在廷议过程中，大臣们分成四派：一种意见认为，太祖庙万世不毁，再保留宣帝、悼皇考（宣帝生父）、昭帝、武帝四庙，应毁掉太上皇、惠帝、文帝、景帝四庙（这似乎是五庙说）；第二种意见认为，文帝之庙不宜毁；第三种意见认为，武帝之庙不宜毁；第四种意见认为，悼皇考庙不在昭穆序列，宜毁。大臣们久议难决，拖延了近一年，元帝下诏议决，丞相韦玄成等人奏："今高皇帝为太祖，孝文皇帝为太宗，孝景皇帝为昭，孝武皇帝为穆，

孝昭皇帝与孝宣皇帝俱为昭，皇考庙亲未尽。太上、孝惠庙皆亲尽，宜毁。"

自此，西汉第一次实施了七庙制度和毁庙制度。永光改制一年多，元帝久病不愈，且梦见先祖谴责他罢郡国庙。皇弟楚孝王也同梦。此后，元帝连病数年，以致他认为这是祖先对他的惩罚，惶恐之下恢复了旧制。第一次庙制改革仅行数年便夭折了。

成帝即位后，还是那个"好事"的宰相匡衡奏请重新恢复七庙制度，得到皇帝批准。然而，成帝亦因无继嗣之故，不久再次恢复旧制。哀帝即位后，自然又碰到庙制难题。以丞相孔光、大司空何武为代表的一派认为，应继续执行永光改制的规定，孝武皇帝亲尽，庙宜毁。以太仆王舜、中垒校尉刘歆为代表的另一派认为，武帝功盖前人，不宜毁庙；不仅如此，刘歆还声称"圣人于其祖，出于情矣，礼无所不顺，故无毁庙"（《韦贤传》），从根本上否定毁庙之制。

汉平帝元始年间，大司马王莽上书，认为悼皇考庙本不当

立，孝文太后南陵、孝昭太后云陵园（也是规模很大的行政居住区）应罢为县。后遂施行。总之，自元帝以后至西汉末，围绕庙制改革一波三折，群儒相争，依违两难。造成此种现状的原因，班彪认为是"礼文缺微，古今异制，各为一家，未易可偏定也。"

据《汉书》记载，王莽在长安城南建立了"九庙"。现遗址已经被挖掘，但有十二个建筑遗址，呈"四、三、四、一"中轴对称排列。每座建筑规制相同，中央为方形夯土高台，每组边长自260米至314米不等，台上为方形木构建筑，四出陛。土台四周有围墙，四正向设门，四角有曲尺形角屋。这组建筑群的东西尚有辟雍和明堂两组建筑。

刘秀政权继兴于王莽新朝之后，这个政权具有特殊的两面性：一方面刘秀"平乱除暴"建天下，具有新兴国家的色彩；另一方面刘秀出自景帝，为了名正言顺地统治天下，刘秀建国的第二年（26年）就立高庙于洛阳，奉高帝为太祖，文帝为太宗，武帝为世宗，依时祭祀，其余诸帝也奉祀如故。与此同时，刘秀又立其父、祖之庙。到建武十九年（43年），战事逐渐平息，祖庙问题又提到日程上来。《后汉书·张纯传》记载，五官中郎将张纯、太仆朱浮上奏："陛下兴于匹庶，荡涤天下，诛锄暴乱……虽实同创革，而名为中兴。宜奉先帝，恭承祭祀者也。"但《后汉书·祭祀志》载大司徒等人提议："宜奉所代，立平帝、哀帝、成帝、元帝庙，代今亲庙。"

光武帝参照群臣意见，最后裁定在洛阳太庙合祭高祖、文帝、武帝、宣帝、元帝，在长安太庙合祭高祖、成帝、哀帝、平帝，光武帝的生父南顿君等四祖迁入陵园，由所在郡县负责祭祀。建武二十六年又决定依制将惠、景、昭三帝庙主移入太庙行"殷祭"。光武帝死后，建世祖庙。东汉的第二位皇帝明帝临终遗诏，他死后不另立庙，"藏主于世祖庙"，并要"后帝承尊，皆藏主于世祖庙。"到了汉灵帝时，"京都四时所祭高庙五主，世祖庙七主，少帝三陵，追尊后三陵，凡牲用十八太牢。"

（《后汉书·祭祀志》）

东汉后期实际推行的是合祭制度，除设高祖、世祖两皇祖庙外，别不立庙。因此，东汉时并无立庙、毁庙之争。

秦汉及以后皇庙的政治地位和意义，同周代时期的族庙相比，由于社会组织和政治环境的变化，实际上是有所降低的。虽然天子坐拥并治理天下，是承传于祖先的衣钵，故有为感恩并祈求护佑而供奉与祭祀祖先的太庙。但从统治礼法的根本上说，"受天有命"更占有道德与礼法的高度，而"膺受天命"这一点在郊祀、封禅和明堂活动中更突出。所以，宗庙的功能更多地体现在皇家内部，体现在皇家内部由谁来主祭，从而由谁来秉持国家政权上。

魏晋继承了东汉的合祭制度，虽然还言"七庙"，但实际上是由每庙一主变为一庙多室、

每室一主的形制。魏有四室，晋为七室，东晋增至十室至十四室，亲尽则祧迁。又在庙内两厢别立夹室贮（储）放已祧神主。至唐代，为一庙九室，最多时增为十一室。《旧唐书·志·礼仪五》还讲到了"修七祀于太庙西门内之道南：司命，户以春，灶以夏；门，厉以秋，行以冬，中溜则于季夏迎气日祀之。"就是天子的"七祀"之地是离太庙不远。以后宋、元、明、清基本上沿袭一庙九室，另立祧庙之制。明清立祧庙于殿后。

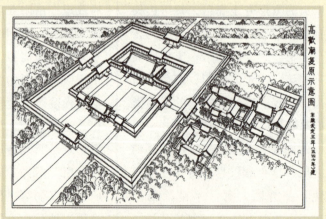

东魏高欢庙复原图

至于太庙的位置，《周礼·考工记》说："左祖右社，面朝后市。""左祖右社"是对皇宫而立言，"左祖"指的是皇

宫的左边（东边）为太庙，"右社"指的是皇宫的右边（西边）为社稷坛。

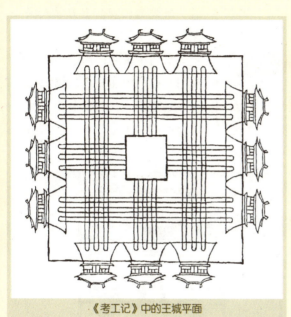
《考工记》中的王城平面

《周礼》为儒家经典之一，其书晚出，西汉时河间献王刘德始得之，因列于诸经之中。由于是晚出，遂引起真伪的争辩。率多谓为作于周初，只是后来不免有所添加。《周礼》分叙《天官》《地官》《春官》《夏官》《秋官》《冬官》六篇，为后世六部的前身，即吏部天官大冢宰，户部地官大司徒，礼部春官大宗伯，兵部夏官大司马，刑部秋官大司寇，工部冬官大司

空。其中《冬官》早已佚，汉儒取性质与之相似的《考工记》补其缺。清四库馆臣说："《考工记》称郑之刀，又称秦无庐。郑封于宣王时，秦封于孝王时，其非周公之旧典已无疑义。《南齐书》称，文惠太子镇雍州，有盗发楚冢，获竹简书，青丝编简，广数分，长二尺有奇，得十余简，以示王僧虔，僧虔曰，是科斗书《考工记》，则其为秦以前书，亦灼然可知。虽不足以当冬官，然百工为九经之一，共工为九官之一，先王原以制器为大事，存之尚稍见古制。"四库馆臣只定其为秦以前书，究竟在秦前何时，亦未能肯定。

《考工记·匠人营国》并非早在西周初年就已规定的立国制度，甚而当周室东迁之后，也还没有这样的规定，充其量也只是一种理想的规划形式。只是在封建社会的中后期，这种理想的规划布局方式才被付诸实践，并

 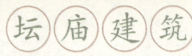

被体现得淋漓尽致。明清时期的紫禁城与"左祖右社"的位置关系，才是这种理想的规划方式最完美的实例。

## 北京太庙

北京太庙位于紫禁城东侧，是明清两朝皇帝祭祀祖先的家庙，主要建筑始建于明永乐十八年（1420年），嘉靖二十三年（1544年）改建。此后于清朝顺治八年、乾隆四年屡次修葺与扩建。太庙在明朝时归内府神宫，清朝时归太常寺。太庙建筑群平面呈长方形，南北长475米，东西宽294米，共有三重围墙，由前、中、后三大殿构成三层封闭式庭园。最外层正门设于天安门后面内御路东侧，称太庙街门，是皇帝祭祀太庙时所走之门。该门与天安门内御路西侧社稷坛门相对称。现太庙的正门在对外开放后，改设为长安街上劳动人民文化宫的正门。

太庙中轴线的南端为五彩琉璃门，嵌于太庙中垣庙墙南面正中，始建于明代。形制为三间七楼牌坊式，正楼三间，下为拱门

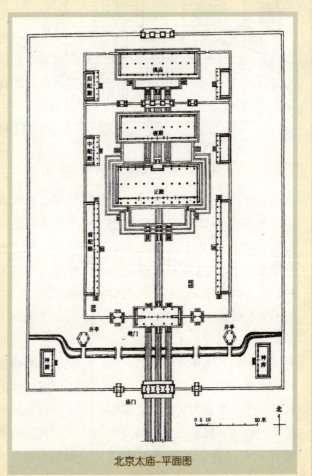

北京太庙-平面图

三道。黄琉璃瓦顶，檐下黄绿琉璃斗拱额枋，朱红墙下为汉白玉须弥座。正门两侧还各有方门一道。琉璃门之北为为神厨与神库。

再北为玉带河与戟门桥，始建于明代。乾隆年间引故宫御河水于此，并对原桥进行改建，形如玉带，故又称"玉带桥"。桥宽八米，为七座单孔石桥，两侧有汉白玉护栏，龙凤望柱交替排列。中间一座为皇帝走的御路桥，两边为王公桥，次为品官桥，边桥二座供常人行走。桥北面东、西各有一座六角井亭。

戟门桥的正北为戟门，建于明朝。五开间，黄琉璃瓦单檐庑殿顶，屋顶起翘平缓，檐下斗拱用材硕大，汉白玉绕栏须弥座。当中三间均为前后三出陛，中阶九级，左右则各七级。该建筑是太庙始建后唯一没有经过改动的重要遗物，是明初官式建筑的重要代表。门外原有木制小金殿一座，为皇帝临祭前更衣盥洗之处。按最高等级的仪门礼制，门内外原有朱漆戟架八座，共插银镦红杆金龙戟120枝。1900年被入侵北京的八国联军全部掠走。

北京太庙–享殿

坛庙建筑

戟门两侧各有一旁门。北稍东与西南方各有一座黄砖燎炉，专为焚烧祝帛而设。

戟门北面正对为享殿，又名前殿，是明清两代皇帝举行祭祖大典的场所，亦是整个太庙的主体建筑。始建于明永乐十八年（1420年），后虽经明清两代多次修缮，但基本保持明代规制。黄琉璃瓦重檐庑殿顶，面阔十一间（68.2米），进深六间（30.2米），坐落在三层汉白玉须弥座上，殿高32.46米。殿内梁栋饰金，地设金砖，68根大柱及主要梁架为金丝楠木，是我国现存规模最大的金丝楠木宫殿。殿内陈设金漆雕龙雕凤帝后神座及香案供品等。祭前先将祖先牌位从寝殿、祧庙移至此殿神座安放，然后举行隆重的仪式。

大殿两侧各有配殿十五间。东配殿始建于明朝，黄琉璃瓦单檐歇山顶。殿前出廊，廊柱上端卷收，并向内倾斜，屋檐起翘平缓，是典型的明代官式建筑。殿内供奉配享皇族有功亲王的牌位。清代供奉十三人，如代善、多尔衮、多铎、允祥、奕䜣等。每间设一龛，内置木制红漆金字满汉文牌位。西配殿也始建于明代，殿内供奉配享功臣牌位。

享殿之北为寝殿，始建于明朝，黄琉璃瓦单檐庑殿顶。面阔九间（62.31米），进深四间（20.54米）。殿内正中室供太祖，其余各祖分供于各夹室。各夹室内陈设神椅、香案、床榻、褥枕等物，牌位立于褥上，象征祖宗起居安寝。

再北为祧殿门，五开间。其北即为祧殿，始建于明弘治四年（1491年），黄琉璃瓦单檐庑殿顶，面阔九间（61.99米），进深四间（20.33米）。殿内陈设如寝殿，供立国前被追封的帝后神牌。此殿自成院落，四周围以红墙。

太庙西北还有一门，始建于明代，清代改建。据说清代雍正皇帝为确保安全，到太庙祭祖不走太庙街门，而从此门进入，形成内外两门，并且建筑高墙，以防刺客。乾隆皇帝六十岁以后，为减少劳累，改由此门乘辇而入，故又称"花甲门"。原门及墙已不存在，现门黄琉璃瓦单檐庑殿顶，为近代改建。

# 第六章
# 先贤庙（祠）

 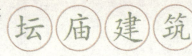
　　祭祀文化不只是皇家绝对垄断的专利，还是全民族文化传统的内容之一。况且祭祀文化本意的重点是宣教的功能，这就需要全体臣民的参与，在参与中接受祭祀文化中的"暗示力"。只是不论在坛庙建筑的类型、规模、数量及内容上，都有着严格的等级限制，比如前面提到的"王（天子）七庙、诸侯五庙、大夫三庙、适士两庙、官师一庙"等。

　　在州、郡、府、县级别的地方政府，也可以建一些供奉与祭祀天神地祇的坛庙，如建社稷坛。明朝规定，皇帝的太社稷坛用五色土，而王国的社稷坛只能用一色土，坛也小十分之三。庶民虽然没有建庙的权利，但可以在家里设立祭祀牌位，可以建家族共享祭祖的祠堂。至于民间集资建立供奉与祭祀先贤的祠庙，更不受限制。

　　儒家认为礼始于周，周先王虽然不属于后朝的祖先，但因其礼在中国封建社会有着崇高的地位，所以即使在后朝也有立周先王庙的冲动。由此也可推至前三代甚至是更远的"先王"，伏羲、炎帝、黄帝、尧、舜、禹、汤等，都是这类人物的重要代表。只是这类先王与自然神始终有着若即若离的关系。如在隋

河南社旗山陕会馆-拜殿

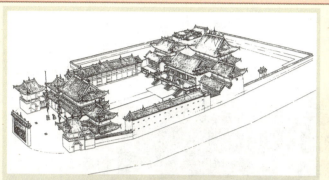

河南社旗山陕会馆-鸟瞰图

河南周口山陕会馆-大门

相，后来被"暗逐"出鲁国，老年回来后也从未真正受到过国君的礼遇，但在他去世一年后，孔府故居便被鲁国国君提格为庙了。关羽和岳飞是历史上武艺超群的武将，在行为上又符合"忠"与"义"的儒家道德规范。这些人又都是非皇家血统的圣人楷模，故在他们身后会有文圣庙以祭奠孔子，会有武圣庙以祭奠关羽和岳飞。诸葛亮辅佐

朝，太昊（伏羲）既作为五方帝之一受祭祀于东郊坛，又作为人祖受祭于在黄河边上所建的羲皇庙。即使在羲皇庙内，他也一直就保留着半神半人的属性。

孔子是儒家思想划时代的总结者与宣传者，也是儒家思想的精神领袖。他的仕途可以说是命运多舛，虽然在鲁国早年最高做过大司寇、代

河南周口山陕会馆-西北角门

坛庙建筑

153

河南周口山陕会馆–前院石牌坊与铁旗杆

死勤事""以劳定国""能御大灾""能捍大患"者，都应祭祀。也有先贤庙最终转化成为城隍庙的情况。

更复杂的是，有些其他功能的建筑会与先贤庙相结合，衍生更复杂的意义与使用功能。如原本为祭祀先贤"武圣"关羽而设置的关帝庙的主要形式与内容，也被很多建造于清朝盛年的商业性的会馆所吸纳。这些会馆本为方便商贾在异地中转聚会而设置，但行商者以"义"字

过两代蜀主，鞠躬尽瘁，死而后已，不仅忠义而且贤良，是古代贤相的代表，故后世会设武侯祠庙以祭奠。

这些内容代表了先贤庙最基本的类型。《礼记·祭法》中记载，凡"法施于民""以

河南周口山陕会馆–戏台

河南周口山陕会馆–拜殿与春秋楼

当先的理念和关羽以"忠义"为表率的礼教内容相吻合，同时，在外行商者远离故土，又必须团结互助行事，在心理与形式上也要祈求武圣关羽在阴间的护佑，这就是后者在形式与内容上模仿前者的原因。也正是由于两者的相似性，在有些地方也便直呼这类会馆为关帝庙了，如河南社旗县、周口市等地的山陕会馆。

## 北京历代帝王庙

北京历代帝王庙位于阜成门内大街131号，始建于明代嘉靖九年（1530年），占地1.8万平方米，是明清两代皇帝祭祀历代帝王和文臣武将的皇家庙宇，民国后祭祀停止。其政治地位与太庙和孔庙相齐，合称为明清北京三大皇家庙宇。

三皇一直被视为中国人的祖先，为历代帝王所景仰；而先代帝王，则是后代借鉴和效法的榜样，所以也要祭祀。最初，明朝开国皇帝朱元璋确定祭祀的帝王是18位，清朝顺治皇帝定都北京后定为25

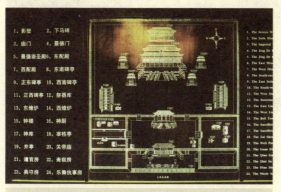

1. 影壁　　2. 下马碑
3. 庙门　　4. 景德门
5. 景德崇圣殿 6. 东配殿
7. 西配殿　 8. 东南碑亭
9. 正东碑亭 10. 西南碑亭
11. 正西碑亭 12. 祭器库
13. 东燎炉　14. 西燎炉
15. 钟楼　　16. 神厨
17. 神库　　18. 宰牲亭
19. 井亭　　20. 关帝庙
21. 遣官房　22. 斋宿房
23. 典守房　24. 乐舞执事房

北京历代帝王庙–平面图

北京历代帝王庙–庙门

位。康、雍、乾三代皇帝对历代帝王庙都非常重视。康熙曾经留下谕旨，除了因无道被杀和亡国之君外，所有曾经在位的历代皇帝，庙中均应为其立牌位。乾隆皇帝更是提出了"中华统绪，绝

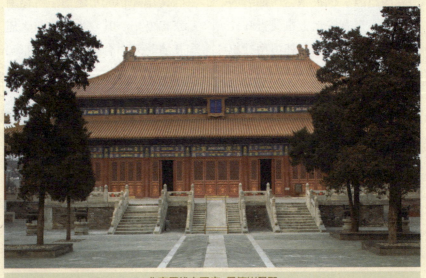

北京历代帝王庙–景德崇圣殿

北京历代帝王庙-景德崇圣殿

北京历代帝王庙-景德崇圣殿

北京历代帝王庙-景德崇圣殿侧面

坛庙建筑

不断线"的观点，把庙中没有涉及的朝代，也选出皇帝入祀。乾隆几经调整，最后才将祭祀的帝王确定为188位。

景德崇圣殿是主体建筑，处于建筑群的中心位置。该殿为黄琉璃重檐庑殿顶，高21米，面阔九间，进深五间，标志"九五之尊"的帝王礼制。景德殿与御碑亭覆瓦原为绿琉璃，乾隆二十九年改为黄琉璃。

大殿中共分七龛供奉了188位中国历代帝王的牌位，位居正中一龛的是伏羲、黄帝、炎帝的牌位，左右分列的

北京历代帝王庙-景德崇圣殿内景

六龛中，供奉了五帝和夏商两周、强汉盛唐、五代十国、金宋元明等历朝历代的185位帝王牌位。

景德崇圣殿东西两侧各有的配殿七间，祭祀着伯夷、姜尚、萧何、诸葛亮、房玄龄、范仲淹、岳飞、文天祥等79位历代贤相名将的牌位。其中，关羽单独建庙，成为奇特的庙中庙。

北京历代帝王庙-内关帝庙

北京历代帝王庙-西配殿　　　　北京历代帝王庙-东配殿

北京历代帝王庙-西燎炉　　　　北京历代帝王庙-东燎炉

坛庙建筑

殿前为景德门，门外有神库、神厨、宰牲亭、井亭、钟楼、斋所，殿后为祭器库。

历代帝王庙中景德崇圣殿、景德门、东西配殿的主要构件都是明代遗留下来的，而壁画、琉璃瓦等多是清乾隆时期的。故宫、颐和园、

天坛、孔庙等建筑虽然都是始建于明代，但留存的明代构件不

北京历代帝王庙-景德门

北京历代帝王庙–神库

北京历代帝王庙–碑亭

北京历代帝王庙–神厨与宰牲亭

北京历代帝王庙–宰牲亭

北京历代帝王庙–祭器库

多，像历代帝王庙这样保留了大量明代原构件的极为少见。

## 北京孔庙

北京孔庙位于东城区国子监街内，占地2.2万平方米，是中国元、明、清三朝国家级祭祀孔子的场所。元大德六年（1302年）始建，大德十年建成。明永乐九年（1411年）重建，宣德、嘉靖、万历年间分别修缮大殿，添建崇圣祠。清顺治、雍正、乾隆时又重修，光绪三十二年（1906年）升祭祀孔子为大祀，将正殿扩建。孔庙虽然经过历代重修，但其结构

北京孔庙-先师门.

基本上仍然保存着元代风格。

　　先师门（又称棂星门）是孔庙的大门，面阔三间，进深七檩，单檐歇山顶，基本上保留了元代的建筑风格。先师门两侧连接庙宇的外围墙，犹如一座城门。

　　先师门北为大成门，创建于元代，清代重修，面阔五间，进深九檩，单檐歇山顶。整座建筑坐落在高大的

砖石台基上，中间的御路石上高浮雕海水龙纹图样。

　　大成门前廊两侧摆放着十枚石鼓，每枚石鼓的鼓面上都篆刻有一首上古游猎诗，这是清乾隆

北京孔庙-大成门

北京孔庙-大成门内仪仗

时仿照公元前8世纪周宣王时代的石鼓遗物刻制的。

第一进院落是皇帝祭孔前筹备各项事宜的场所，其东侧设有宰牲亭、井亭、神厨，用于祭孔三牲的宰杀、清洗和烹制。两侧有神库、致斋所，用于祭孔礼器的存放和供品的备制。

第二进院落是孔庙的中心院落，每逢祭孔大典，这里便钟鼓齐鸣，乐舞升平，仪仗威严。大成殿是第二进院落的主体建筑，也是整座孔庙的中心建筑。殿内金砖铺地，内顶施团龙井口天花。殿中供奉孔子"大成至圣文宣王"木牌位，神位两边设有配享的"四配十二哲"牌位。神位前置祭案，上设尊、爵、卣、笾、豆等祭器，均为清乾隆时的御制真品。大殿内外高悬清康熙至宣统九位皇帝的御匾，均是皇帝亲书的对孔子的四字赞语，是珍贵的文物。在这进院落还有配殿和碑亭数座。

孔庙的第三进院落最具特色，由崇圣门、崇圣殿和东西配殿组成独立完整的院

北京孔庙-大成殿内院

TEMPLE ARCHITECTURE

北京孔庙-大成殿

北京孔庙-大成殿翼角

北京孔庙-碑亭

北京孔庙-碑亭

落，与前二进院落分割明显而又过渡自然，反映出古人在建筑部局上的巧妙构思。这组建筑称为崇圣祠，是祭祀孔子五代先祖的家庙，建于明嘉靖九年（1530年），清乾隆二年（1737年）重修，并将灰瓦顶改为绿琉璃瓦顶。崇圣殿又称五代祠，面阔五间，进深七檩，殿前建有宽大的月台，月台三面建有垂带踏步各十级。殿内供奉孔子五代先人的牌位及配享的颜回、孔伋、曾参、孟轲四位先哲之父的牌位。东西配殿坐落在砖石台基上，面阔三间，进深五檩，单檐悬山顶，内奉程颐、程颢兄弟、张载、蔡沈、周敦颐、朱熹

坛庙建筑

北京孔庙-前院进士题名碑

高大的进士题名碑，其中元代3座、明代77座、清代118座。这些进士题名碑上刻着元、明、清三代各科进士的姓名、籍贯、名次，共计51624人。在众多的进士当中，有我们熟知的如张居正、于谦、徐光启、严嵩、纪昀、刘墉及近代名人刘春霖、沈钧儒等。

六位先儒之父。

三进院落及其建筑有明确的建筑等级差别和功能区域划分，和谐统一地组成一整套皇家祭祀性建筑群落，是我国古代建筑的杰出代表。

另外，在孔庙的第一进院落御路两侧，分四部分树立着198座

在孔庙与国子监之间的夹道内，有一处由189座高大石碑组成的碑林。石碑上篆刻着儒家经典：《周易》《尚书》《诗经》《周礼》《仪礼》《礼记》《春秋》《论语》《孝经》《孟子》《尔雅》。

中心院落御道的西侧有口古井，由青石板组成的花瓣形井台，石质井圈。由于坐落在德胜门、安定门内一

北京孔庙与国子监之间的碑林

TEMPLE ARCHITECTURE

北京孔庙–大成殿之后第三进院落

带水线上，当年井水常溢到井口，水质清纯甘洌，乾隆赐名"砚水湖"。

## 解州关帝庙

解州古称解梁，是三国蜀汉名将关羽的故乡，位于山西省运城市西南15公里的解州镇。镇西有全国现存最大的关帝庙，俗称解州关帝庙，系全国重点文物保护单位。

解州关帝庙创建于隋开皇九年（589年），宋朝大中祥符七年（1014年）重建，嗣后屡建屡毁。现存建筑为清康熙四十一年（1072年）大火之后，历时十载而重建的。庙以东西向街道为界，分南北两大部分，总占地面积约6.66万余平方米。

街南称结义园，由结义坊、君子亭、三义阁、莲花池、假山等组成。残存高两米的结义碑一通，白描阴刻人物，桃花吐艳，竹枝扶疏，构思奇巧，刻技颇高，系乾隆二十八年（1763年）言如泗主持刻建的。

街北是正庙，坐北朝南，仿宫殿式布局，占地面积1.86万平方米，在东西向分中、东、西三

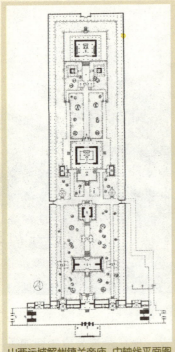

山西运城解州镇关帝庙-中轴线平面图

院。中院是主体，南北主轴线上又分前院和后宫两部分。前院依次是照壁、端门、雉门、午门、山海钟灵坊、御书楼和崇宁殿，两侧是钟楼、鼓楼、大义参天坊、精忠贯日坊、追风伯祠。后宫以气肃千秋坊、春秋楼为中心，左右有刀楼、印楼对称而立。

东院有崇圣祠、三清殿、祝公祠、葆元宫、飨圣宫和东花园。西院有长寿宫、永寿宫、余庆宫、歆圣宫、道正司、汇善司和西花园，以及前庭的万代瞻仰坊、威震华夏坊。全庙共有殿宇

山西运城解州关帝庙-雉门

166

百余间，主次分明，布局严谨。

从义勇门或忠武门入前庭，便可看到坐北朝南的端门，其又称山门，三个门洞上方分别书有"扶汉人物""精忠贯日""大义参天"。端门北面东西有钟鼓楼巍巍耸立，迎面是三座高大的单檐歇山顶庙门。中门是专供帝王进出的门，叫"雉门"，是一座双昂卷棚歇山顶建筑。雉门背后的台阶上是戏台，铺上台板即可演戏。东面的为"文经门"，西侧的是"武纬门"。

再向北是午门，面阔五间，单檐庑殿顶。周围有石栏杆，栏板正反两面浮雕各类图案、人物144幅。厅内南有周仓、廖化画像，轩昂威武。北面左右两侧，彩绘着关羽戎马一生的主要经历，起于桃园三结义，止于水淹七军。穿过午门，经山海钟灵坊、御书楼，便是关帝庙主体建筑——崇宁殿。

山西运城解州关帝庙-钟楼

北宋崇宁三年（1104年），徽宗赵佶封关羽为"崇宁真君"，故名崇宁殿。殿前苍松翠柏，郁郁葱葱，配以石华表一对，焚表塔两座，铁旗杆一双，月台宽敞，勾栏曲折。殿面阔七间，进深六间，琉璃瓦重檐歇山顶，檐下施双昂五踩斗拱，额枋雕刻富丽。殿周回廊置雕龙石柱26根，蟠龙姿态各异。下施栏杆石柱52根，砌栏板50块，刻浮雕200方，蔚为壮观。

坛庙建筑

山西运城解州关帝庙-崇宁殿

大殿明间悬横匾"神勇"二字，是乾隆帝手书。檐下有"万世人极"匾，为咸丰皇帝所写。下列青龙偃月刀三把，门口还有铜香案一座，铁鹤一双，以示威严。殿内木雕神龛玲珑精巧，内塑帝王装关羽坐像，勇猛刚毅，神态端庄肃穆。龛外雕梁画栋，仪仗倚列，木雕云龙金柱，自下盘绕至顶，狰狞怒目，两首相交，以示关羽的英雄气概。龛上有康熙手书"义炳乾坤"横匾一方。

穿崇宁殿而出，入后宫南门，就进入寝宫院。过花圃有"气肃千秋"坊，是中轴线上最高大的木牌坊。东侧有印楼，里边放着"汉寿亭侯"玉印模型；西侧是刀楼，里面列青龙偃月刀模型。双楼对峙，系方形三层十字歇山顶建筑。院里植有翠竹一片，又有《汉夫子风雨竹》碑刻，以竹隐诗，诗曰："莫嫌孤叶淡，经久不凋零。多谢东君意，丹青独留名。"

后宫后部，是关帝庙扛鼎之作的春秋楼，掩映在参天古树和名花异卉之间，巍然屹立，大气磅礴。楼内有关羽读《春秋》像，故名。《春秋》又名《麟经》，故又名麟经阁。此楼创建

山西运城解州关帝庙–春秋楼

于明万历年间，现存建筑为清同治九年（1870年）重修的。宽七间，进深六间，二层三檐琉璃瓦歇山顶，高33米。上下两层皆施回廊，四周勾栏相依，可供凭栏远眺。檐下木雕龙凤、流云、花卉、人物、走兽等图案。楼内东西两侧，各有楼梯36级。在第一层有木制隔扇108面。上层回廊的26根廊柱矗立在下层垂莲柱上，垂柱悬空，内设搭牵挑承，给人以悬空之感。进入二层楼，有神龛暖阁，正中有关羽侧身夜观《春秋》像，阁子板壁上，正楷刻写着全部《春秋》文字。

关帝庙除古建筑外，还有琉璃影壁、石头牌坊、万斤铜钟、铁铸香炉、石雕饰品、木刻器具以及各代石刻23块，各朝题诗题匾60余幅。

## 山西太原晋祠

晋祠位于太原市西南郊25公里处的悬瓮山麓，晋水源头。据《史纪·晋世家》的记载，周武王之子成王姬诵封同母弟叔虞于唐，称唐叔虞。叔虞的儿子燮，因境内有晋水，改国号为晋。后人为了奉祀叔虞，在晋水源头建立了祠宇，称唐叔虞祠，也叫做晋祠。晋祠的创建年代难以考

坛庙建筑

TEMPLE ARCHITECTURE

定，最早的记载见于北魏郦道元的《水经注》，"际山枕水，有唐叔虞祠，水侧有凉堂，结飞梁于水上。"

在漫长的历史岁月中，晋祠曾经过多次修建和扩建，面貌不断改观。南北朝时，文宣帝高洋，推翻东魏，建立了北齐，将晋阳定为别都，于天保年间（550-559年）扩建晋祠，"大起楼观，穿筑池塘"。隋开皇年间（581-600年），在祠区西南方增建舍利塔。唐贞观二十年（646年），太宗李世民到晋祠，撰写碑文《晋祠之铭并序》，并又一次进行扩建。

宋太宗赵光义于太平兴国年间（976-983年），在晋祠大兴土木，修缮竣工时还刻碑记事。宋仁宗赵祯于天圣年间（1023-1032年），追封唐叔虞为汾东王，并为唐叔虞之母邑姜修建了规模宏大的圣母殿。

自从北宋天圣年间修建了圣母殿和鱼沼飞梁后，祠区建筑布局更大为改观。此后，铸造铁人，增建献殿、钟楼、鼓楼及水镜台等，这样，以圣母殿为主体的中轴线建筑物就次第告成。原来居于正位的

山西太原晋祠-总平面图

山西太原晋祠-鸟瞰图.

山西太原晋祠-大门

唐叔虞祠，坐落在旁边，退处于次要的位置了。

祠区内中轴线上的建筑，由东向西，依次是：水镜台、会仙桥、金人台、对越坊、钟鼓二楼、献殿、鱼沼飞梁和圣母殿。这组建筑和它北面的唐叔虞祠、昊天神祠和文昌宫，以及南面的水母楼、难老泉亭及舍利生生塔等，组成了一个综合建筑群，既像庙观的院落，又像皇室的宫苑。

中轴线最前端为水镜台，始建于明朝，是当时演戏的舞台。

山西太原晋祠-水镜台

坛庙建筑

山西太原晋祠–水镜台

从水镜台向西,有一条晋水的干渠——"智伯渠",又名海清北河。相传春秋末期,晋国世卿智伯为了攻取赵襄子的采地,引汾、晋二水灌晋阳而开凿此渠。后人在旧渠的基础上加以修浚,成为灌溉田地的水渠。

前部为单檐卷棚顶,后部为重檐歇山顶。除前面的较为宽敞的舞台外,其余三面均有明朗的走廊,建筑式祥别致。慈禧太后曾照原样在颐和园修建了一座。

通过智伯渠上的合仙桥,便是金人台。金人台呈正方形,四

山西太原晋祠–智伯渠

山西太原晋祠－献殿

山西太原晋祠－对越坊与钟鼓楼

山西太原晋祠－对越坊

山西太原晋祠－献殿与钟楼

角各立铁人一尊，每尊高两米有余。其中西南隅的一尊铸造于北宋绍圣四年（1097年）。

穿过对越坊及钟楼、鼓楼，就到了献殿。此殿原为陈设祭品的场所，始建于金大定八年（1168年），面宽三间，深两间。梁架很有特色，只在四椽栿上放一层平梁，既简单省料，又轻巧坚固。殿的四周除中间前后开门之外，均筑坚厚的槛墙，上安直栅栏，使整个大殿形似凉亭，显得格外利落空敞。献殿于1955年用原料按原式样翻修。

献殿以西，是连接圣母殿的鱼沼飞梁。全沼为一方形水池，是晋水的第二泉源。池中立34根小八角形石柱，柱顶架斗拱和梁木承托着十字形桥面。东西桥面长19.6米，宽5米，高出地面1.3米，东西端分别与献殿和圣母殿相连接；南北桥面长19.5米，宽3.3米，两端下斜与地面相平。整个造型犹如展翅欲飞的大鸟，故称"飞梁"。

飞梁始建年代和旧址都不详。根据《水经注》记载，北魏时已有飞梁之设。现存此桥，可能是北宋时与圣母殿同时建造

坛庙建筑

TEMPLE ARCHITECTURE

山西太原晋祠-鱼沼飞梁

山西太原晋祠-鱼沼飞梁

有铁狮一对，神态勇猛，铸于北宋政和八年（1118年），是我国较早的铁铸狮子之一。

在中轴线末端，是宏伟壮丽的圣母殿。圣母殿背靠悬瓮山，前临鱼沼，晋水的其他二泉——"难老"和"善利"分列左右。此殿创建于北宋天圣年间（1023–1032年），崇宁元年（1102年）重修，是现在晋祠内最为古老的建筑。殿高约19米，重檐歇山顶，面宽七间，进深六间，平面布置几乎成方形。殿身四周围廊，前廊进深两间，廊下宽敞。在我国古代建筑中，殿周围廊，此为现存

的，1955年曾按原样翻修。建筑结构有宋代特点，小八角石柱，复盆式莲瓣尚有北魏遗风。这种形制奇特、造型优美的十字形桥式，虽在古籍中早有记载，但现存实物仅此一例。

飞梁南北桥面之东，两端各卧伏一只宋雕石狮，造型生动。桥东月台上

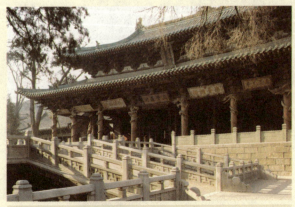

山西太原晋祠-圣母殿和鱼沼飞梁

最早的一个实例。

　　殿周柱子略向内倾，四根角柱就显着升高，使殿前檐曲线弧度很大。下翘的殿角与飞梁下折的两翼相互映衬，一起一伏，一张一弛，更显示出飞梁的巧妙和大殿的开阔。殿、桥、泉亭和鱼沼，相互陪衬，浑然一体。

　　圣母殿采用"减柱法"营造，殿内外共减十六根柱子，以廊柱和檐柱承托殿顶屋架，因此，殿前廊和殿内十分宽敞。殿内无柱，不但增加了

山西太原晋祠-圣母殿廊下盘龙柱

山西太原晋祠-圣母殿廊下力士像

山西太原晋祠-圣母殿

山西太原晋祠-圣母殿翼角

山西太原晋祠-远眺圣母殿与鼓楼

坛庙建筑

高大神龛中圣母的威严，而且为设置塑像提供了很好的条件。

殿内共四十三尊泥塑彩绘人像，除龛内二小像系后补外，其余多北宋代原塑。主像圣母，即唐叔虞和周成王的母亲，周武王的妻子，姜子牙的女儿——邑姜，其塑像设在大殿正中的神龛内。其余四十二尊侍从像对称地分列于龛外两侧，其中宦官像五尊，着男服的女官像四尊，侍女像共三十三尊。圣母邑姜，屈膝盘坐在饰凤头的木靠椅上，凤冠蟒袍，霞帔珠璎，面目端庄。四十二个侍从像，手中各有所奉。这些塑像造型生动，姿态自然，尤其是侍女像更是精品。

在圣母殿南面，有一座北齐天保年间（550—559年）创建的难老泉亭，八角攒尖顶。晋水的主要源头难老泉水从亭下石洞中流出，常年不息，昼夜不舍，故北齐时期取《诗经·鲁颂》中"永锡难老"的锦句为名，称难老泉。唐朝著名诗人李白对此赞美不绝，写下了"晋祠流水如碧玉""微波龙鳞莎草绿"的佳句。北宋诗人范仲淹的诗句："千家灌禾稻，满目江乡田。""皆如晋祠下，生民无旱年。"就是咏颂晋祠的泉水的。

水母楼位于难老泉亭西面，又称水晶宫，建于明嘉靖四十二年（1563年）。全楼分上下两层。楼下石洞三窟，中间一窟设一尊铜铸水母像，端坐于瓮形座位之上。楼上坐西向东设一神龛

山西太原晋祠-难老泉泉眼

供奉水母。神龛两侧有八个侍女塑像，体态优美，衣纹飘逸，造型别致。

晋祠有名的唐碑矗立在"贞

观宝翰"亭中。此碑的碑文是唐太宗李世民于贞观二十年（646年）亲自撰写的，名为《晋祠之铭并序》。全碑共1203字，旨在通过歌颂宗周政治和唐叔虞建国的政策，以达到宣扬唐王朝的文治武功、巩固自己政权的目的。

祠区北侧有唐叔虞祠。据郦道元《水经注》说："沼西际山枕水有唐叔虞祠。"又北宋太平兴国修晋祠碑记中描绘它"前临曲沼""后拥危峰"，旧祠位置似与现在不在同一个地方。现存建筑分前后两院，颇为宽敞。前院四周有走廊，后院东西各有配殿三间，正北是唐叔虞殿。殿宽五间，进深四间，中间神龛内设唐叔虞塑像。

神龛两侧有从别处移来的十二个塑像，多为女性，高度与真人相近，手持笛、琵琶、三弦、钹等不同乐器，似乎是一个较完整的乐队。远些塑像约为明代作品，是研究我国器乐发展和音乐史的不可多得的资料。

舍利生生塔位于祠区南端，建于隋开皇年间，宋代重修，清乾隆十六年（1751年）重建。塔

山西太原晋祠－舍利生生塔

山西太原晋祠－舍利生生塔远景

坛庙建筑

高38米，七层八角，琉璃瓦顶，远远望去，高耸的古塔映衬着蓝天白云，甚是壮观。

## 山东曲阜孔庙

曲阜孔庙位于曲阜市中心鼓楼西侧300米处，是祭祀我国古代著名思想家和教育家孔子的祠庙。

孔庙始建于鲁哀公十七年（前478年），以其故居为庙，岁时奉祀。西汉以来，历代帝王不断给孔子加封谥号，孔庙的规模也越来越大，成为全国最大的孔庙。现存的建筑群绝大部分是明、清两代完成的，占地327亩，前后九进院落。庙内有殿堂、坛阁和门坊等460多间。四周围以红墙，四角配以角楼，是仿皇宫样式修建的。整个庙宇气势恢宏，布局严谨，是我国现存规模最大的三大古建筑群之一（另外两大是故宫和避暑山庄）。

孔庙的主要建筑贯穿在南北的一条中轴线上，又分左、中、右三路。中路从金声玉振坊起，由南向北依次为棂星门、太和元气坊、圣时门、过壁水桥、中门、奎文阁、十三碑亭、大成门、杏坛、大成殿、寝殿、圣迹殿；由大成门向东，圣承门、诗礼堂、鲁壁、孔宅故井、崇圣祠、家庙，此为孔庙的东路；由大成门向西，启圣门、金丝堂、启圣殿、启圣寝殿，此为孔庙的西路。

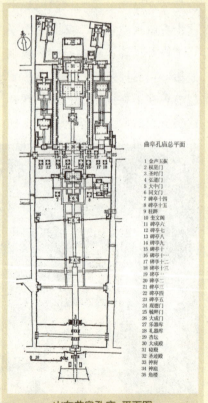

曲阜孔庙总平面

1 金声玉振
2 棂星门
3 圣时门
4 弘道门
5 大中门
6 同文门
7 碑亭十四
8 碑亭十五
9 驻跸
10 奎文阁
11 碑亭六
12 碑亭七
13 碑亭八
14 碑亭九
15 碑亭十
16 碑亭十一
17 碑亭十二
18 碑亭十三
19 碑亭一
20 碑亭三
21 碑亭二
22 碑亭四
23 碑亭五
24 观德门
25 毓粹门
26 大成门
27 乐器库
28 孔器库
29 杏坛
30 大成殿
31 寝殿
32 圣迹殿
33 神厨
34 神庖
35 角楼

山东曲阜孔庙-平面图

奎文阁是孔庙主体建筑之一，原来是收藏御赐书籍的地

方，以藏书丰富、建筑独特而驰名。始建于宋天禧二年（1018年），原名藏书楼，金代明昌二年（1191年）重修时改名"奎文阁"，明弘治十三年（1500年）又重修。"奎"是二十八宿之一，为西方白虎，有十六颗星，因"屈曲相钩，似文字之画"，所以古人把奎星附会为文官之首。封建帝王把孔子比作天上的奎星，遂在孔庙建奎文阁。这座独特雄伟的建筑，完全是木质结构，为中国古代木楼建筑的孤例。它高23.35米，东西面阔30.10米，南北进深17.62米，三层飞檐，四重斗拱，结构合理，坚固异常，经受了几百年的风风雨雨和多次地震的摇撼。据记载清康熙年间的一次大地震，曲阜"人间房屋倾者九存者一"，而奎文阁安然无恙。1985年始对其进行了落架大修，完全保持了原有的风貌。奎文阁内原有藏书均移入孔府档案馆保存。现展出的是孔子圣迹图陈列。

十三碑亭于奎文阁和大成门之间的院落里。十三座石碑外形相同而碑文内容不同，南面八座，北面五座，俗称御碑亭，是历代帝王为修建孔庙、祭祀孔子

山东曲阜孔庙-金声玉振坊

山东曲阜孔庙-奎文阁.

所立的石碑而建，计有唐、宋、金、元、明、清六代巨碑五十余幢。在书法艺术上，真草隶篆，座座不同，风格笔法，各有千秋。

　　杏坛位于大成门之后殿前甬道正中，坛旁有一株古桧，称

山东曲阜孔庙-奎文阁、十三碑亭与大成门鸟瞰

山东曲阜孔庙－杏坛

"先师手植桧"。杏坛周围朱栏，黄琉璃瓦重檐十字脊歇山顶。亭内细雕藻井，彩绘金色盘龙，其中还有清乾隆"杏坛赞"御碑。亭前的石香炉，高约一米，形制古朴，为金代遗物。传说孔子当年坐于杏坛之上，教弟子读书，弦歌鼓琴，即所谓"杏坛说教"。

大成殿是孔庙的正殿，也是孔庙的核心。唐代时称文宣王殿，共有五间。宋天禧五年（1012年）大修时，移今址并扩为七间。宋崇宁三年（1104年），徽宗取《孟子》中"孔子之谓集大成"语义，下诏更名为"大成

殿"。清雍正二年（1724年）重建，面阔九间，进深五间，高32米，面阔54米，进深34米，坐落在2.1米高的石殿基上。黄琉璃瓦重檐歇山顶，斗拱交错，雕梁画栋，周环回廊，巍峨壮丽。

擎檐有石柱二十八根，高5.98米，直径达0.81米。其前廊十根大理石柱上各精雕两条戏珠的飞龙，工艺绝妙；两山及后檐的十八根柱子浅雕云龙纹，每柱有七十二团龙。殿内金柱皆楠木，都彩绘团龙错金。双重飞檐下正中竖匾上刻雍正帝御书"大成殿"三个贴金大字。殿内八斗藻井饰以金龙和玺彩图，高悬的

坛庙建筑

TEMPLE
ARCHITECTURE

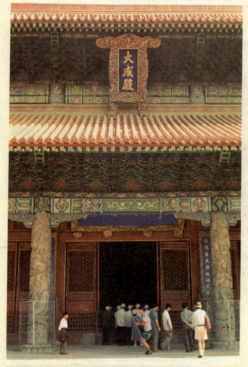

山东曲阜孔庙-大成殿

"万世师表"等十方巨匾和楹联都是乾隆帝手书。殿内正中供有孔子塑像,左右有颜子、曾子、子思和孟子像,称"四配";两侧又有塑像十二尊,他们是闵损、冉耕、冉雍、宰予、端木赐、冉求、仲由、言偃、卜商、颛孙师、有若和朱熹,为"十二哲"。

大成殿是庙内最高的建筑,也是全国四殿堂之一(另外三殿是故宫太和殿、北京太庙、十三陵长陵祾恩殿)。

寝殿面阔七间,进深四间,回廊二十二根擎檐石柱浅刻凤凰牡丹。殿内枋檩游龙和藻井团凤彩画均由金箔贴成,一如皇后宫室制度。殿内供奉孔子夫人亓(qí)官氏牌位。

圣迹殿是以保存记载孔子一生事迹的石刻连环画圣迹图而得名的大殿。此殿位于寝殿之后,独成一院,是孔庙最后的第九进庭院。殿系明万历二十年(1529年)巡按御史何出光主持修建的。孔庙原有反映孔子事迹的木刻图画,他建议改为石刻,由杨芝作画、章刻石,嵌在殿内壁上,这就是为数120幅的"圣迹图"。

孔庙东路有诗礼堂,是当年康熙帝南巡专程赴曲阜谒孔时,特意在此聆听孔子后裔孔尚任弘扬孔子学说的场所。

孔子故宅在诗礼堂之后,这里是孔庙中最古老的地方,也是当年孔子居住之处。旁有古井一口,据传系孔子的饮水井,井台四周有雕花石栏。

曲阜孔庙整个建筑群规模宏大,布局严整,集我国古代建

山东曲阜孔庙-大成殿廊柱

筑、雕刻、书法、绘画之大成。

国内现存比较重要的先贤庙有：黄陵轩辕庙、宝鸡神农祠、天水伏羲庙、临汾尧庙、绍兴舜王庙和禹王庙及王右军祠、安顺文庙、邹县孟庙、秭归屈原祠、九江陶靖节祠、江油太白祠、马鞍山青莲祠、成都武侯祠与杜甫草堂、潮州韩文公祠、柳州柳侯祠、眉山三苏祠、崇州陆游祠、贵阳阳

明祠、卫辉比干庙、都江堰二王庙、留坝张良庙、南阳武侯祠、勉县武侯祠、周口关帝庙、云阳张飞庙、海口五公祠、合肥包公祠、徽州罗东舒祠、代县杨业祠、杭州岳王庙、淮阴岳王庙、北京文天祥祠、扬州史公祠、晋城皇城村陈氏宗祠、诸暨边氏祠堂、绩溪龙川胡氏宗祠、南靖塔下村德远堂张氏宗祠、长清孝堂山石祠、嘉祥武氏祠、广州陈家祠堂，另外还有仓颉庙、曹娥庙、颜庙、稼轩祠、嫘祖庙、烈女祠、米公祠、孟姜女庙、周公庙、郯子庙、窦大夫祠、司马迁祠、王渔洋祠、炎帝祠、颜文姜祠、袁崇焕祠、杨忠武祠、耶律楚材祠、医圣祠、则天庙、刘伯温庙等等。

湖北襄樊米公祠-大门

坛庙建筑

(183)